人工智能

Sora

机遇·问题·未来

陈根 著

中国纺织出版社有限公司

内 容 提 要

2024年初，一手缔造了ChatGPT的OpenAI再发"大招"，发布了其第一个文生视频大模型Sora。可以肯定地说，Sora对社会的冲击不会小于一年前的ChatGPT，Sora的诞生，几乎让影视制作行业一夜变了天，并且正在进一步向短视频、新媒体、广告营销、游戏、医疗等社会生产和生活的多个领域渗透。本书以Sora为主题，介绍了Sora的诞生和爆发，以及Sora成功背后的技术路线，对其带来的行业变革进行了细致和深入的分析。Sora在带来巨大变革的同时，也让人类面对着前所未有的挑战。从ChatGPT到Sora，一个真正的人工智能时代已经开启，人机协同的时代正在加速到来。

图书在版编目（CIP）数据

人工智能 Sora：机遇·问题·未来 / 陈根著 . --
北京：中国纺织出版社有限公司，2024.5
ISBN 978-7-5229-1735-1

Ⅰ．①人… Ⅱ．①陈… Ⅲ．①人工智能 Ⅳ.
①TP18

中国国家版本馆 CIP 数据核字（2024）第 085974 号

Rengongzhineng Sora：Jiyu·Wenti·Weilai

责任编辑：华长印　王安琪　　责任校对：寇晨晨
责任印制：王艳丽

中国纺织出版社有限公司出版发行
地址：北京市朝阳区百子湾东里A407号楼　邮政编码：100124
销售电话：010—67004422　传真：010—87155801
http://www.c-textilep.com
中国纺织出版社天猫旗舰店
官方微博http://weibo.com/2119887771
北京印匠彩色印刷有限公司印刷　各地新华书店经销
2024年5月第1版第1次印刷
开本：710×1000　1/16　印张：15
字数：157千字　定价：78.00元

目录

01

02

03

01

第一章

Sora 的前世今生

Sora

1.1　横空出世的 Sora

2024年2月15日，OpenAI发布了第一款文生视频模型——Sora，能够生成一分钟的高保真视频，一石激起千层浪。毕竟，2023年年初ChatGPT给人们带来的震撼还历历在目，仅仅一年之后，OpenAI又打开了新局面。

事实上，根据文字生成视频这类的应用，在过去也出现过，如今很多剪辑软件也附带这样的功能，但Sora的出现仍然惊艳，许多人在看过OpenAI发布的样片后也直呼"炸裂""史诗级"——尽管Sora仍处于开发的早期阶段，但它的推出已经标志着人工智能的又一个里程碑。

对于我们而言，要将一段文字，通过图片或者视频的方式精准地表达出来，如果没有经过专业的训练会很难实现。比如我们要绘画一种风格，或者是设计一幅广告，在缺乏专业美术与设计训练的情况下，是很难让图像具有美感的，也很难将一段文字精准地抽象成艺术的表现方式。而Sora对于文字的精准理解，以及高清、精准的艺术抽象表达，再次让我们看到了人工智能在机器智能方面的跃迁。

它让我们看到了人工智能超越人类智能将有机会成为一件确

定性的事情，不再局限于对于人类文字与语言的理解，而是进入人类知识更高的表现层次，也就是抽象的艺术表现领域。

1.1.1 从模拟现实到构建现实

相比同类型的文生视频应用，Sora就是"王炸"级别的存在，Sora的惊艳主要表现在三个方面："构建现实""60秒超长长度"和"单视频多角度镜头"。

如果用一句话来形容Sora带给人们的震撼，那就是"以前不相信是真的，现在不相信是假的"，这其实说的就是Sora"构建现实"的能力，OpenAI官方公布了数十个示例视频，充分展示了Sora在这一方面的强大能力。人物的瞳孔、睫毛、皮肤纹理，都逼真到看不出一丝破绽，真实性与以往的AI生成视频是史诗级的提升，AI视频与现实的差距，更难辨认。

比如，对Sora输入以下文字：一位时尚的女士穿着黑色皮夹克、红色长裙和黑色靴子，手拿黑色手袋，在东京一条灯光温暖、霓虹灯闪烁、带有动感城市标志的街道上自信而随意地行走。她戴着太阳镜，涂着红色口红。街道潮湿而有反光效果，色彩缤纷的灯光仿佛在地面上创造了镜面效果。许多行人在街上来往。

Sora随即直接生成视频，无论是人物脸上的雀斑，还是水中的倒影都极其逼真，就连人物脸上的墨镜里都有街景的映射，整个视频看下来简直像是实拍而不是AI生成。Sora生成的视频里，物体运动轨迹也很自然，画面的清晰度和顺畅程度，都像我们用手里的设备拍出来的（图1）。

图1　Sora文生视频

如果说之前的AI"文生视频"都还是在"模拟现实",那么Sora则突破性实现了"构建现实"。区别在于,前者是对现实的模仿,难以捕捉现实世界的物理规则、动态变化。但Sora则是在虚拟世界里,构建另外一种现实。其学习的不仅是像素与画面,还有现实世界的"物理规律"。举个例子,我们如果在下过雨或者有水的地面上行走,水面会映射出我们的倒影,这是现实世界的物理规则,Sora生成的视频就能做到"映射出水面的人的倒影"。但之前的AI文生视频工具,则需要不断地调教,才能产出较为逼真的视频。并且,之前主流的AI生成视频都在4~16秒,还"卡成PPT",而Sora弯道超车,直接将时长拉到60秒,且画面表现已经媲美视频素材库,插入视频作空镜完全可行。1分钟的长度也完全可以应对短视频的创作需求。并且,从OpenAI发表的文章来看,如果需要,超过60秒毫无悬念。

此外,Sora生成的视频还具有单视频多角度镜头的特点。视频的多角度镜头，也就是多机位，是指使用两台或两台以上摄影机，对同一场面同时做多角度、多方位的拍摄。多机位拍摄可使观众能够从多个不同的角度观看画面，给人以身临其境的感觉。它的展现空间更全面、视点更细腻、角度更开放、长度更自由，给观众带来全方位、多角度的观赏体验。

要知道，目前的 AI 文生视频应用，都是单镜头单生成。一个视频里面有多角度的镜头，主体还能保证完美的一致性，这在以前，甚至在 Sora 诞生之前，都是无法想象的，但现在，Sora 做到了。Sora 可以在单个生成的视频中创建多个镜头，准确地保留角色和视觉风格。

除了用文字生成视频，Sora 还支持视频到视频的编辑，包括往前扩展和向后扩展。Sora 可以从一个现有的视频片段出发，通过学习其视觉动态和内容，生成新的帧来扩展视频的时长。这意味着，它可以制作出多个版本的视频开头，每个开头都有不同的内容，但都平滑过渡到原始视频的某个特定点。同样地，Sora 也能够从视频的某个点开始，向前生成新的帧，从而扩展视频至所需的长度。这可以创造出多种结局，每个结局都是从相同的起点开始，但最终导向不同的情境。Sora 模型的时间扩展功能为视频编辑和内容创作提供了前所未有的灵活性和创造性。它不仅能够生成无限循环的视频，还能够按照创作者的意图制作出具有特定结构和风格的视频作品。

如果对 Sora 生成视频的局部（如背景）不满意，直接更换就可以了。Sora 的视频编辑不仅提高了编辑的效率和准确性，还为用户创造了无限的可能性，使他们能够在不具备专业视频编辑技能的情况下，实现复杂和创意的视频效果。

Sora甚至还可以拼接完全不同的视频，使之合二为一、前后连贯。通过插值技术（插值是对原图像的像素重新分布，从而来改变像素数量的一种方法。插值程序会自动选择信息较好的像素作为增加、弥补空白像素的空间，而并非只使用临近的像素，所以在放大图像时，图像看上去会比较平滑、干净。简单来说，插值技术就是对图像的自动提取、优化与生成），Sora就可以在两个不同主题和场景的视频之间创建无缝过渡。Sora的这些功能极大地扩展了视频编辑的可能性，使得创作者能够更加自由地表达自己的创意，同时也为视频编辑领域带来了新的技术和方法。

当然，Sora也可以生成高质量的图片。Sora的图像生成能力是通过在时间范围为一帧的空间网格中排列高斯噪声块来实现的。这种方法允许模型生成各种尺寸的图像，分辨率高达2048×2048像素。Sora的图像生成能力也展示了其在视觉创作领域的强大潜力，在落地应用方面可满足不同场景和需求。

1.1.2　一骑绝尘的Sora

Sora诞生之前，在人工智能生成内容（AI generated content，AIGC）领域，已经出现了许多文生视频的相关应用——头部大模型研发商几乎都拥有自己的文生视频大模型，甚至已经诞生了垂直于多媒体内容创作大模型的独角兽。

1.1.2.1 Runway

与许多"拿着锤子找钉子"式的"技术驱动型"大模型创业团队不同，Runway的三名创始人瓦伦苏埃拉（Cristóbal Valenzuela）、马塔马拉（Alejandro Matamala）和日耳曼迪斯（Anastasis Germanidis）来自纽约大学艺术学院，他们看到了"人工智能在创造性方面的潜力"，于是决定共商大计，开发一套服务于电影制作人、摄影师的工具。

Runway首先开发了一系列细分到不能再细分的专业创作者辅助工具，针对性地满足视频帧插值、背景去除、模糊效果、运动追踪、音频整理等需求；随后参与到图像生成大模型Stable Diffusion的开发过程中，积累AIGC在静态图像生成方面的技能点，并获得了参与电影《瞬息全宇宙》等大片制作的机会——在《瞬息全宇宙》里，许多复杂的特效制作就是由Runway完成的。

2023年2月，Runway发布第一代产品Gen-1，普通用户已经能通过iOS设备进行免费体验，范围除了"真实图像转黏土""真实图像转素描"这些滤镜式的功能，还包含了"文本转视频"，从而使Gen-1成为首批投入商用的文生视频大模型；2023年6月，他们发布了第二代产品Gen-2，训练量上升到了2.4亿张图像和640万段视频剪辑。

2023年8月，爆火哔哩哔哩（bilibili）弹幕视频网（简称B站）、全网播放量超过千万、获得郭帆点赞的AIGC作品《流浪地球3》预告片正是基于Gen-2制作的。根据作者"数字生命卡兹克"在个人社媒上的分享，整段视频的制作大体分为两部分——由 Midjourney 生成分镜图和由 Gen-2 扩散为 4 秒的视频片段,最终获得素材图 693 张、备用剪辑片段 185 条,耗时 5 天。半年之后,"数字生命卡兹克"再次通过"MJ V6 画分镜—Runway 跑视频"制作了一段 3 分钟的故事短片 *The Last Goodbye*,投稿参赛 Runway Studios 所组织的第二届 AI 电影节 Runway GEN:48。

1.1.2.2　Pika

Pika 是除 Runway 之外视频生成赛道的另一个佼佼者。Pika Labs 最初本是一家专注于动画视频生成的公司,如今已成功转型为引领行业的文本转视频 AI 平台。Pika Labs 成立于 2023 年 4 月,同年 11 月发布首个产品 Pika1.0。Pika1.0 能够生成和编辑 3D 动画、动漫、卡通和电影,普通用户还可以对其进行加工。通过 Pika1.0,用户就可以直接利用文本创建和定制出包括 3D 动画、动漫以及电影风格在内的多样化视频。

Pika Labs 平台提供了灵活的每秒帧数(FPS)调整功能,范围覆盖 8~24 帧。用户还可以根据需要自定义视频的长宽比,确保最终作品符合预期的视觉效果。

为了让创意的转化过程更加顺畅,Pika Labs 还采用了一种独特的对话式界面设计。这种界面不仅简化了操作流程,还使用户能够更加直观地将想法转化为实际的视频内容。

Pika Labs 始终致力于降低高质量视频制作的门槛。他们的 AI 平台不仅提供免费的基础使用功能,还提供了广泛的自定义选项,以满足从业余爱好者到专业电影制作人员等不同层次用户的需求。

因此，Pika1.0也被视为一款零门槛"视频生成神器"。

1.1.2.3　Stable Video Diffusion

Stable Video Diffusion是一种稳定视频扩散技术，能够通过消除视频中的晃动、抖动等问题，提高视频质量。优点是能够改善视频稳定性，但缺点是可能会导致一些细节信息的损失。Stable video diffusion旨在为媒体、娱乐、教育、营销等领域的各种视频应用提供服务。它赋予个人将文本和图像输入转化为生动场景的能力，并将概念提升为真实的行动、电影般的创作。

除此之外，在AI视频生成领域还有PixVerse、Morph Studio、Emu Video等。PixVerse是一款基于人工智能技术的视频生成工具，可以将包括图像、文本和音频的多模态输入转化为视频。PixVerse提供自定义选项，可以为生成的视频添加独特的艺术风格，确保个性化结果。Morph Studio则是市面上首个开放给公众自由测试的文本到视频生成工具，支持1080P高清画质，能制作出长达7秒的视频片段，生成的视频画面细腻、光影效果较佳。业内玩家常拿来与Pika对比，认为在语义理解方面Morph Studio的表现优于Pika。此外，Morph Studio可以实现变焦、平移（上下左右）、旋转（顺时针或逆时针）等多个摄像机镜头运动的灵活控制。但不管是哪一款AI视频生成工具，不论之前有多风光，在Sora面前，都不值一提。

Sora在生成时长、连贯性等方面都有显著的优势。特别是生成时长上，对比其他的AI模型，Pika是3秒，Runway是4秒，Sora生成的视频目前可以达到60秒，而且分辨率极高，视频中基本物理现象也比较吻合，在AI视频生成领域，Sora已经成为一骑绝尘的存在。

1.1.3 每个视频都能挑出错

Sora的消息一经发布，就引起了市场的热议，占据了AI领域话题中心。

马斯克在某社交平台上的各网友评论区活跃，四处留下"人类愿赌服输（gg humans）""人类借助AI之力将创造出卓越作品"等评论。

AI文生视频创企Runway联合创始人兼CEO克里斯托瓦尔·瓦伦苏埃拉（Cristóbal Valenzuela）感慨，以前需要花费一年时间才有的进展，变成了几个月就能实现，又变成了几天、几小时。

出门问问公司创始人李志飞发文感叹："LLM ChatGPT是虚拟思维世界的模拟器，以LLM为基础的视频生成模型Sora是物理世界的模拟器，物理和虚拟世界都被建模和模拟了，到底什么是现实？"

周鸿祎预言Sora"可能给广告业、电影预告片、短视频行业带来巨大的颠覆，但它不一定那么快击败TikTok，更可能成为TikTok的创作工具"，他认为OpenAI"手里的武器并没有全拿出来""中国跟美国的AI差距可能还在加大""AGI不是10年或20年的问题，可能一两年很快就可以实现"。

这些评论也让我们看到了业界对于Sora的肯定，不过，如果仔细观看 OpenAI 发布的示例视频，其实还会发现 Sora 生成的一些错误。比如，当 Sora 输入的文本是"一个被打翻了的玻璃杯溅出液体来"时，显示的是玻璃杯融化成桌子，液体跳过了玻璃杯，但没有任何玻璃碎裂效果。再比如，从沙滩里突然挖出来一个椅子，而且 Sora 认为这个椅子是一个极轻的物质，以至于可以直接飘起来。

这一方面证明了 Sora 的"清白"——正如 OpenAI 在发布 Sora 的博客文章下方特意强调其展示的所有视频示例均由 Sora 生成的那样，确实是只有 AI 才会在生成视频里犯这样的错误。另一方面，这些奇怪的镜头，说明 Sora 虽然能力惊人，但水平仍然还有进化的余地。

Sora 作为文生视频领域最新出场的应用，就算是错漏百出也已经在时长、逼真度等方面甩开同行一条街。这也是为什么 Sora 的每个视频都能挑出错误但依然火爆、依然有许多业界专家为其站台的原因。

更重要的是，Sora 让我们看到了今天 AI 不可思议的进化速度，要知道，如看起来并不聪明、只支持"4 秒视频生成"并且"掉帧明显到像幻灯片"的 Gen-2 是 2023 年 6 月发布的产品，而 8 个月后，Sora 就发布了。

2023 年 11 月，Meta 发布的视频生成大模型 Emu Video 看起来在 Gen-2 上更进一步，能够支持 512×512 像素的分辨率、每秒 16 帧的"精细化创作"，但 3 个月之后的 Sora 已经能够做到生成任意分辨率和长宽比的视频，并且根据上面提到的开发者技术论文，Sora还能够执行一系列图像和视频编辑任务，从创建循环视频到即时向前或向后延伸视频，再到更改现有视频背景等——当然，这也是OpenAI在大模型领域超强实力的又一次证明。

Sora的发布，是AI领域石破天惊的大事件。这也让我们看到，或许技术的发展有迹可循，但技术的突破点却是真的难以预测。谁也没想到，在ChatGPT才诞生一年后，在算力还受到不同程度制约的情况下，Sora就这样横空出世了，这也让很多人更加期待GPT-5的发布，人类社会可能真的要变天了。

而这一切的发生，是在算力、数据与模型还未完全获得满足的情况下，机器智能已经在以超乎我们人类想象的速度发展，并表现出了惊人的智能能力。文生图的Sora就是在机器硬件受到一定程度制约的情况下，以超乎我们预计的速度走入了我们的视线。

1.2　从ChatGPT到Sora

从ChatGPT到GPT-4，再到Sora，今天，人工智能早已不再是只会对输入数据进行简单处理的"智障"，而是开始具备了自主学习和推理能力，能够更深入地理解语境、情感以及逻辑关系，从而为人类带来更为精准、智能的辅助和决策支持。从跨越机器逻辑的边界，到模拟并延展人类思维的维度，从被动响应走向主动理解，技术进化的新纪元已然开启。

1.2.1　属于ChatGPT的一年

2023年是属于ChatGPT的一年。作为人工智能的里程碑，ChatGPT诞生的意义不亚于蒸汽机的发明，就像人类第一次登陆月球一样，ChatGPT不仅仅是人工智能发展史的一步，更是人类科技进步的一大步。因为ChatGPT的出现让人工智能从之前的人工"智障"，走向了真正类人的人工智能，也让人类看到了基于硅基训练智能体的这个设想是可行的，是可以被实现的。

在ChatGPT之前，人工智能还是停留在属于自己机器语言逻辑的世界里，并没有掌握与理解人类的语言逻辑习惯。因此，市场上的人工智能在很大程度上还只能做一些数据的统计与分析，包括一些具有规则性的读听写工作，所擅长的工作就是将事物按不同的类别进行分类，与理解真实世界的能力之间，还不具备逻辑性、思考性。因为人体的神经控制系统是一个非常奇妙的系统，是在人类几万年训练下所形成的，可以说，在ChatGPT这种生成式语言大模型出现之前，我们所有的人工智能技术，从本质上来说还不是智能，只是基于深度学习与视觉识别的一些大数据检索而已。但ChatGPT却为人工智能的应用和发展打开了新的想象空间。

作为一种大型预训练语言模型，ChatGPT的出现标志着自然语言处理技术迈上了新台阶，标志着人工智能的理解能力、语言组织能力、持续学习能力更强，也标志着AIGC在语言领域取得了新进展，生成内容的范围、有效性、准确度大幅提升。

ChatGPT整合了人类反馈强化学习和人工监督微调，因此具备了对上下文的理解和连贯性。在对话中，它可以主动记忆先前的对话内容，即上下文理解，从而更好地回应假设性的问题，实现连贯对话，提升我们和机器交互的体验。简单来说，就是ChatGPT具备了类人语言逻辑的能力，这种特性让ChatGPT能够在各种场景中发挥作用——这也是ChatGPT为人工智能领域带来的最核心的进化。

那么，为什么说具备类人的语言逻辑能力、拥有对话理解能力是ChatGPT为人工智能带来的最核心、最重要的进化？因为语言理解不仅能让人工智能帮助我们完成日常的任务，还能帮助人类去直面科研的挑战，比如对大量的科学文献进行提炼汇总，以人类的语言方式，凭借其强大的数据库与人类展开沟通交流。并且基于人类视角的语言沟通方式，就可以让人类接纳与认可机器的类人智能化能力。

尤其是人类进入如今的大数据时代，在一个科技大爆炸时代，无论是谁，仅凭自己的力量，都不可能紧跟科学界的发展速度。如今在地球上一天产生的信息量，就等同于人类有文明记载以来至21世纪的所有知识总量，我们在这个信息大爆炸时代，凭借自身的大脑已经无法应对、处理、消化海量的数据，人类急需一种新的解决方案。

比如，在医学领域，每天都有数千篇论文发表。哪怕是在自己的专科领域内，目前也没有哪位医生或研究人员能将这些论文都读一个遍。但是如果不阅读这些论文，不阅读这些最新的研究成果，医生就无法将最新理论应用于实践，就会导致临床所使用的治疗方法陈旧。在临床中，一些新的治疗手段无法得到应用，有时正是因为医生没时间去阅读相关内容，根本不知道有新手段的存在。如果有一个能对大量医学文献进行自动合成的人工智能，就会掀起一场真正的革命。

ChatGPT就是以人类设想中的智能模样出现了。可以说，ChatGPT之所以被认为具有颠覆性，其中最核心的原因就在于其具备了理解人类语言的能力，这在过去我们是无法想象的。我们几乎想象不到有一天基于硅基的智能能够真正被训练成功，不仅能够理解我们人类的语言，还可以以人类的语言表达方式与人类开展交流。

1.2.2 更强大的GPT版本

ChatGPT开启了人工智能发展的新时代，当然，ChatGPT的开发者们不会止步于此——ChatGPT走火后，所有人都在讨论，人工智能下一步会往哪个方向发展。人们并没有等太久，在ChatGPT发布三个月后，OpenAI就正式推出了新品GPT–4。其中，图像识别、高级推理、庞大的单词掌握能力，是GPT–4的三大特点。

就图像识别功能来说，GPT–4可以分析图像并提供相关信息，必然它可以根据食材照片来推荐食谱，为图片生成图像描述和图注等。

就高级推理功能来说，GPT–4能够针对3个人的不同情况做出一个会议的时间安排，回答存在上下文关联性的复杂问题。再如，你问：剪断图片里的绳子会发生什么。它答：气球会飞走。GPT-4甚至可以讲出一些质量一般、模式化的冷笑话。尽管并不好笑，但至少它已经开始理解"幽默"这一人类特质，要知道，AI的推理能力正是AI向人类思维慢慢进化的标志。

就词汇量来说，GPT-4能够处理2.5万个单词，GPT-4在单词处理能力上是ChatGPT的8倍，并可以用所有流行的编程语言写代码。

其实，在随意谈话中，ChatGPT和GPT-4之间的区别是很微妙的。但在任务的复杂性达到足够的阈值时，差异就出现了：GPT-4比ChatGPT更可靠、更有创意，并且能够处理更细微的指令。

GPT-4还能以高分通过各种标准化考试：GPT-4在模拟律师考试中的成绩超过90%的人类考生，在俗称"美国高考"的SAT阅读考试中超过93%的人类考生，在SAT数学考试中超过89%的人类考生。

同样面对律师资格考试，ChatGPT背后的GPT-3.5排名在倒数10%左右，而GPT-4考到了前10%左右。在OpenAI的演示中，GPT-4还生成了关于复杂税务查询的答案，尽管人们无法对其进行验证。在美国，每个州的律师考试都不一样，但一般都包括选择题和作文两部分，涉及合同、刑法、家庭法等知识。GPT-4参加的律师考试，对于人类来说既艰苦又漫长，而GPT-4却能在专业律师考试中脱颖而出。

此外，2023年11月7日，在OpenAI首届开发者大会上，山姆·奥特曼（Sam Altman）还宣布了GPT-4的大升级，推出了GPT-4 Turbo，GPT-4 Turbo的"更强大"体现在六个方面，包括：上下文长度提升、模型控制、更优质的知识、新的多模态能力、模型自定义能力及更低的价格、更高的使用上限。

其中，对于一般用户体验来讲，上下文长度的增加、更好的知识和新的多模态能力是最核心的体验改善。特别是上下文长度升级，这在过往是GPT-4的一个软肋。它会决定与模型对话过程中能接收和记住的文本长度。如果上下文长度限制较小，面对比较长的文本或长期的对话，模型就会经常"忘记"最近对话的内容，并开始偏离主题。GPT-4基础版本仅提供了8k token（字符）的上下文记忆能力，即便是OpenAI提供的GPT-4扩容版本也仅仅能达到32k token，相比于主要竞品Anthropic旗下Claude 2提供100k token的能力差距明显。这使GPT4在做文章总结等需要长文本输入的操作时常常力不从心。而GPT-4 Turbo直接将上下文长度提升至128k，是GPT-4扩容版本的4倍，一举超过了竞争对手Anthropic的100k上下文长度。128k的上下文大概是什么概念？约等于300页标准大小的书所涵盖的文字量。除了能够容纳更长的上下文外，奥特曼还表示，新模型还能够在更长的上下文中，更能保持连贯和准确。

就模型控制而言，GPT-4 Turbo为开发者提供了几项更强的控制手段，以更好地进行 API 和函数调用。具体来看，新模型提供了一个JSON Mode，可以保证模型以特定JSON方式提供回答，调用API时也更加方便。另外，新模型还允许同时调用多个函数，同时引入了 seed parameter，在需要的时候，可以确保模型能够返回固定输出。

从知识更新来看，GPT-4 Turbo 把知识库更新到了 2023 年 4 月，不再让用户停留在 2 年前了。最初版本的 GPT-4 的网络实时信息调用只能到 2021 年 9 月。虽然随着后续插件的开放，GPT-4 也可以获得最新发生的事件知识。但相较于融合在模型训练里的知识而言，这类附加信息因为调用插件耗时久，缺乏内生相关知识的效果并不理想。而现在，人们已经可以从 GPT-4 上获得截止到 2023 年 4 月的新信息。

GPT-4 Turbo 还具备了更强的多模态能力，新模型支持了 OpenAI 的视觉模型 DALL·E 3，还支持了新的文本到语音模型——开发者可以从六种预设声音中选择所需的声音。现在，GPT-4 Turbo 可以以图生图了。同时，在图像问题上，OpenAI 推出了防止滥用的安全系统。OpenAI 还表示，它将为所有客户提供牵涉的版权问题的法律费用。在语音系统中，OpenAI 表示，目前的语音模型远超市场上的同类，并发布了开源语音识别模型 Whisper V3。

1.2.3　Sora 的真正价值

根据 OpenAI 官网描述，相较于 ChatGPT，GPT-4 最大的进化在于："多模态"和长内容生成。其中的关键，就是"多模态"。

使用过 ChatGPT 的人们会发现，它的输入类型是纯文本，输出则是语言文本和代码。而GPT-4的"多模态"，意味着用户可以输入不同类型的信息，例如视频、声音、图像和文本。同样地，具备多模态能力的GPT-4可以根据用户提供的信息，来生成视频、音频、图片和文本。哪怕同时将文本和图片发给GPT-4，它也能根据这两种不同类型的信息生出文本。

事实上，这些功能的测试与完善，都是OpenAI在为文生视频功能做准备，也就是在为Sora的推出做准备。也正是因为这些准备，我们才在2024年初看到强大的Sora诞生。

Sora标志着AIGC在内容创造领域的一个重要进步。除了多模态的能力，Sora更重要的突破，则在于其是一个物理世界的模拟器。什么意思呢？就是它能够理解用户的需求，并且还能够理解这种需求在物理世界中的存在方式。简单来说，Sora通过学习视频，来理解现实世界的动态变化，并用计算机视觉技术模拟这些变化，从而创造出新的视觉内容。也就是说，Sora学习的不仅仅是视频，也不仅仅是视频里的画面、像素点，还在学习视频里面这个世界的"物理规律"。

ChatGPT不仅仅是一个聊天机器人，其带来最核心的进化，是让AI拥有了类人的语言逻辑能力。就像ChatGPT一样，Sora最终想做的，也不仅仅是一个"文生视频"的工具，而是一个通用的"现实物理世界模拟器"。也就是世界模型，为真实世界建模。这也是Sora真正的价值和进化所在。刘慈欣在短篇科幻小说《镜子》里面就描绘了一个可以镜像现实世界的"镜子"。Sora就好像是这个构建世界模型的"镜子"。

Sora 的视频生成能力再加上为真实世界建模的能力，其实核心很简单：就是基于真实世界物理规律的视频可视化。所谓可视化，其实就是将复杂的文字或数据通过图像化的方式，转变为人们易于感知的图形、符号、颜色、纹理等，以增强文字或数据的识别效率，清晰、明确地向人们传递有效信息。

要知道，在人类的进化过程中，人脑感知能力的发展经历了数百万年，而语言系统则发展未超过15万年。可以说，人脑处理图像的能力要远远高于处理文字语言的能力，也就是说，面对图像，人脑能够比面对文字更快地处理和加工。这一点，在早期的象形文字上就有非常好的印证，当前短视频成为资讯的主流方式也说明人类对于图像有本能的偏好。

究其原因，人类对语言的理解，离不开自己的内部经验。而视觉，则是一种人类感知世界、建立经验的"直接机制"。人类通过视觉看到东西，就能够迅速进行解析和判断、并留下深刻的印象。也就是说通过视觉，人类可以直接建立"经验"。

研究也表明，人体五官获取信息量的比例是视觉87%、听觉7%、触觉3%、嗅觉2%、味觉1%。也就是说，人类的主要信息获取方式是视觉，我们的大脑更擅长处理视觉信息。举个例子，一篇是由文字与字符所构成的数据分析文章，而另外一篇则是把这一堆表格用二维，或者更高阶的三维可视化呈现时，我们会更偏向于哪一种表达与阅读方式呢？我想这个答案显而易见，大部分人会偏向于选择更直观的三维表现方式，或者是二维的图像表现方式，最不受欢迎的则是基于文字与字符表现的文章方式。

从信息加工的角度来看，大量的信息必将消耗我们的注意力，需要我们有效地分配精力。而可视化则能辅助我们处理信息，不仅更加直观，并且可以将数据背后的变化以图像的形式直观的表现出来，让我们透过图像就能一目了然地了解数据背后的关联、变化、趋势，从而在有限的记忆空间中尽量存储信息，提升认知信息的效率。

基于此，特别是在今天信息大爆炸的时代，可视化的表达就显得极为重要。可视化利用图像进行沟通，可以将人脑快速处理图形的特点最大化地发挥出来。这也是Sora的价值所在，我们只要给Sora一个指令，Sora就能够基于现实世界的物理规律将我们想要表达的以视频的方式可视化。因此可以说，哪里需要视频可视化，哪里就需要Sora。

1.2.4　Sora在为GPT-5做准备

就像ChatGPT和GPT-4为Sora做的准备一样，Sora的发布，其实也是为GPT-5来做准备。

自从GPT-4发布后，关于下一代更先进的GPT模型，也就是GPT-5，OpenAI联合创始人兼首席执行官山姆·奥特曼（Sam Altman）对外一直闭口不言。

2023年6月，奥特曼曾表示，GPT-5距离准备好训练还有很长的路要走，还有很多工作要做。他补充到，OpenAI正在研究新的想法，但他们还没有准备好开始研究GPT-5。就连微软创始人比尔·盖茨也预计，GPT-5不会提供比GPT-4重大的性能改进。

然而，到了9月，DeepMind联合创始人、现Inflection AI的首席执行官穆斯塔法·苏莱曼（Mustafa Suleyman），在接受采访时却放出一枚重磅炸弹——据他猜测，OpenAI正在秘密训练GPT-5。苏莱曼认为，奥特曼说他们没有训练GPT-5，可能没有说实话。同月，外媒 *The Information* 爆料，一款名为Gobi的全新多模态大模型已经在紧锣密鼓地筹备了。跟GPT-4不同，Gobi从一开始就是按多模态模型构建的。这样看来，Gobi模型不管是不是GPT-5，从多方泄露的信息来看，它都是OpenAI团队正在着手研究的项目之一。

同年11月，在某社交媒体平台上，罗米尔（Roemmele）再爆猛料，OpenAI Gobi，也就是GPT-5多模态模型将在2024年初震撼发布。

根据罗米尔的说法，目前Gobi正在一个庞大的数据集上进行训练。不仅支持文本、图像，还将支持视频。有网友在这条推文下评论，"OpenAI内部员工称下一代模型已经实现了真的AGI，你听说过这件事吗？"罗米尔称，"GPT-5已经会自我纠正，并且具有一定程度的自我意识。我认识的熟人已经看过它的演示，目前，7个政府机构正在测试最新模型。"

12月底，奥特曼在社交平台公布了OpenAI在2024年要实现的计划：包括GPT-5，更好的语音模型、视频模型、推理能力和更高的费率限制等。此外还包括更好的GPTs、对唤醒行为程度的控制、个性化、更好地浏览、开源等等。奥特曼在采访中还表示，GPT-5的智能提升将带来全新的可能性，超越我们之前的想象。GPT-5 不仅仅是一次性能的提升，更是新生能力的涌现。

尽管目前 GPT-5 还没有正式发布，但可以确定的是，GPT-5 将会成为比 GPT-4 更强大的存在，并且我们已经看到了 Sora。可以说，Sora 就是 GPT-5 的一个缩影，只是 OpenAI 对 GPT-5 采取了更加慎重的态度。Sora 的出现，引发了人们对 GPT-5 的遐想，不难预测，未来，GPT-5 或将获得更大的处理各种形式数据的能力，比如音频、视频等，使其在各种工作领域更加有用，而不仅限于作为一个聊天机器人或 AI 图像生成器。

1.3　多模态的跨越式突破

多模态 AI 正处于爆发前夜。从 GPT-4 的"惊艳亮相"，到 AI 视频生成工具 Pika1.0 的"火爆出圈"，再到谷歌 Gemini 的"全面领先"，多模态 AI 都是其中的关键词。

如今 Sora 的发布，更是把多模态带向了一个新的发展阶段。凭借强悍的处理多种类型信息的能力，Sora 不仅代表着多模态的跨越式突破，还将进一步拓展人工智能的应用领域，推动人工智能向通用化方向发展。

1.3.1　多模态是 AI 的未来

多模态并非新概念，早在 2018 年，"多模态"就已经作为人工智能未来的一个发展方向，成为人工智能领域研究的重点。

多模态，顾名思义，多种模态。具体来看，"模态"（modality）是德国物理学家赫尔姆霍茨（Helmholtz）提出的一种生物学概念，即生物凭借感知器官与经验来接收信息的通道，人类有视觉、听觉、触觉、味觉和嗅觉等模态。

从人工智能和计算机视觉的角度来说，模态就是感官数据，包括最常见的图像、文本、视频、音频数据，也包括无线电信息、光电传感器、压触传感器等数据。对于人类来说，多模态是指将多种感官进行融合，对于人工智能来说，多模态则是指多种数据类型再加上多种智能处理算法。

举个例子，传统的深度学习算法专注于从一个单一的数据源训练其模型。比如，计算机视觉模型是在一组图像上训练的，自然语言处理模型是在文本内容上训练的，语音处理则涉及声学模型的创建、唤醒词检测和噪音消除。这种类型的机器学习就是单模态人工智能，其结果都被映射到一个单一的数据类型来源。而多模态人工智能是计算机视觉和交互式人工智能智能模型的最终融合，为计算器提供更接近于人类感知的场景。

究其原因，不同模态都有各自擅长的事情，而这些数据之间的有效融合，不仅可以实现比单个模态更好的效果，还可以做到单个模态无法完成的事情。相较于单模态、单任务的人工智能技术，多模态人工智能技术就可以实现模型与模型、模型与人类、模型与环境等多种交互。

目前我们最熟悉的多模态AI还是文生图或者文生视频，但这已经展现了 AI 在整合和理解不同感知模态数据方面的强大潜力。比如，在医疗领域可以通过结合图像、录音和病历文本，提供更准确的诊断和治疗方案；在教育领域，将文本、声音、视频相结合，呈现更具互动性的教育内容。

展望未来，随着技术的不断发展和突破，AI 有望在多模态能力上进一步提升，从而实现更加精准、全面的环境还原，特别是在机器人领域和自动驾驶领域。

在机器人领域，通过强大的多模态 AI 系统，机器人仅凭视觉系统就对现场环境进行快速准确的还原。这种"还原"不仅包括精准的 3D 重建，还可能涵盖光场重建、材质重建、运动参数重建等方面内容。通过结合视觉数据和其他感知模态数据（如声音、触觉等），机器人可以更全面地理解周围环境，从而实现更加智能、灵活的行为和交互。

在自动驾驶领域，通过结合多模态感知数据，包括视觉、雷达、激光雷达等，自动驾驶汽车可以实时感知道路、车辆和行人等各种交通参与者，准确判断交通情况并做出相应的驾驶决策。这将大大提高自动驾驶汽车的安全性和适应性，使其成为下一代智能交通的重要组成部分。

另外，AI 的多模态能力还将在娱乐和创意领域展现出巨大的潜力。比如，AI 可以通过观察一只小狗的生活影像，为一个 3D 建模的玩具狗赋予动作、表情、体态、情感、性格甚至虚拟生命。这种技术可以为游戏开发、虚拟现实等领域带来更加生动真实的虚拟角色和场景。

同时，AI还可以解释和转换动画片导演用文字描述的拍摄思路，实现场景设计、分镜设计、建模设计、动画设计等一系列专业任务。这将极大地提高动画制作的效率和创意性，为动画产业带来新的发展机遇。

不仅如此，多模态能力对于实现真正的通用人工智能（AGI）也至关重要。显然，真正的AGI需要同时从所有模态信息中学习知识、经验、逻辑、方法，必须能像人类一样即时、高效、准确、符合逻辑地处理世界上所有模态的信息，完成各类跨模态或多模态任务。这意味着，未来真正的AGI必然是与人类相仿的，能够通过同时利用视觉、听觉、触觉等多种感知模态来理解世界，并且能够将这些不同模态的信息进行有效整合和综合。

1.3.2　多模态的爆发前夜

可以看到，相比单模态，多模态AI能够同时处理文本、图片、音频以及视频等多类信息，与现实世界融合度高，更符合人类接收、处理和表达信息的方式，与人类交互方式更加灵活，表现得更加智能，能够执行更大范围的任务，有望成为人类智能助手，推动AI迈向AGI。

在这样的背景下，科技巨头也看到了多模态AI的价值，纷纷加强对多模态AI的投入。

谷歌推出了原生多模态大模型Gemini，可泛化并无缝地理解、操作和组合不同类别的信息；此外，2024年2月推出

Gemini 1.5 Pro，使用 MoE 架构首破 100 万极限上下文纪录，可单次处理包括 1 小时的视频、11 小时的音频、超过 3 万行代码或超过 70 万个单词的代码库。Meta 坚持大模型开源，建设开源生态巩固优势，已陆续开源 ImageBind、AnyMAL 等多模态大模型。

作为多模态领域独领风骚的巨头，2024 开年以来，OpenAI 就密集剧透 GPT-5，相比 GPT-4 实现全面升级，重点突破语音输入和输出、图像输出以及最终的视频输入方向，或将实现真正多模态。

此外，2024 年 2 月，OpenAI 发布文生视频大模型 Sora 更代表着多模态 AI 的跨越式发展，Sora 能够根据文本指令或静态图像生成 1 分钟的视频，其中包含精细复杂的场景、生动的角色表情以及复杂的镜头运动，同时也接受现有视频扩展或填补缺失的帧，能够很好地模拟和理解现实世界。Sora 的问世将进一步推动多模态智能处理技术的发展，为视频内容的生成、编辑和理解等应用领域带来更多创新和可能性。

从语音识别、图像生成、自然语言理解、视频分析，到机器翻译、知识图谱等，多模态 AI 都能够提供更丰富、更智能、更人性化的服务和体验。与单纯通过自然语言进行交互或输入输出相比，多模态应用显然具备更强的可感知、可交互、可"通感"等天然属性。特别是基于大模型的多模态 AI，在强大泛化能力基础上，大模型可以在不同模态和场景之间实现知识的迁移和共享，将大模型的应用扩展到不同的领域和场景。

如果说2023年的ChatGPT等大语言模型开启了应用创新的新时代，那么2024年，包括Sora在内的生机勃勃的多模态AI则会把这一轮应用创新推到又一个高潮。新一轮的变革已经开启，人类正在朝着通用人工智能时代坚定地前进。

02

第二章

Sora 是如何
炼成的?

Sora

2.1　Sora技术报告全解读

毋庸置疑，Sora是人工智能领域的一次重大突破，向我们展示了AI在理解和创造复杂视觉内容方面的先进能力——Sora的出现，预示着一个全新的视觉叙事时代的到来，它能够将人们的想象力转化为生动的动态画面，将文字的描述转化为视觉的盛宴。

但除了感叹Sora的强大，另一个许多人都在关心的问题就是——Sora这么强，到底是怎么做到的？

2.1.1　Sora=扩散模型+Transformer

对于Sora的工作原理，OpenAI发布了相关的技术报告，标题就是"作为世界模拟器的视频生成模型（图2）"。就这篇技术报告的标题而言，可以看到，OpenAI对于Sora的定位是世界模拟器，也就是为真实世界建模，模拟各种现实生活的物理状态，而不仅仅是一个简单的文生视频的工具。也就是说，Sora模型的本质，是通过生成虚拟视频，来模拟现实世界中的各种情境、场景和事件。

技术报告里提到，这一研究尝试在大量视频数据上训练视频

Research

Video generation models as world simulators

We explore large-scale training of generative models on video data. Specifically, we train text-conditional diffusion models jointly on videos and images of variable durations, resolutions and aspect ratios. We leverage a transformer architecture that operates on spacetime patches of video and image latent codes. Our largest model, Sora, is capable of generating a minute of high fidelity video. Our results suggest that scaling video generation models is a promising path towards building general purpose simulators of the physical world.

图2 Sora相关技术报告

生成模型。研究人员在不同持续时间、分辨率和纵横比的视频和图像上联合训练了以文本为输入条件的扩散模型。同时，引入了一种Transformer架构，该架构对视频的时空序列包和图像潜在编码进行操作。其中，最顶尖的模型——Sora，已经能够生成最长1分钟的高保真视频，这标志着视频生成领域取得了重大突破。研究结果表明，通过扩大视频生成模型的规模，有望构建出能够模拟物理世界的通用模拟器，这无疑是一条极具前景的发展道路。

再简单的一点来说，Sora就是一个基于扩散模型再加上Transformer的视觉大模型——这也是Sora的创新所在。

事实上，在过去的十年，图像和视频生成领域有着巨大的发展，涌现出了多种不同架构的生成方法，其中，生成式对抗网络（GAN）、StyleNet框架路线、Diffusion模型（扩散模型）路线以及Transformer模型路线是最突出的四种技术路线。

生成式对抗网络（GAN）由两部分组成——生成器和判别器。生成器的目标是创造出看起来像真实图片的图像，而判别器的目标是区分真实图片和生成器产生的图片。这两者相互竞争，最终生成器会学会产生越来越逼真的图片。虽然GAN生成图像的拟真性很强，但是其生成结果的丰富性略有不足，即对于给定的条件和先验，它生成的内容通常十分相似。

StyleNet框架路线是基于深度学习的方法，使用神经网络架构来学习键入语言和图像或视频特征间关系。通过学习样式和内容的分离，StyleNet能够将不同风格的图像或视频内容进行转换，实现风格迁移、图像/视频风格化等任务。

Diffusion模型（扩散模型）路线则是一种通过添加噪声并学习去噪过程来生成数据的方法。通过连续添加高斯噪声来破坏训练数据，然后通过学习反转的去噪过程来恢复数据，扩散模型就能够生成高质量、多样化的数据样本。举个例子，假如我们现在有一张小狗的照片，我们可以一步步给这张照片增加噪点，让它变得越来越模糊，最终会变成一堆杂乱的噪点。假如把这个过程倒过来，对于一堆杂乱无章的噪点，我们同样可以一步步去除噪点，把它还原成目标图片，扩散模型的关键就是学会逆向去除噪点。扩散模型不仅可以用来生成图片，还可以用来生成视频。比如，扩散模型可以用于视频生成、视频去噪等任务，通过学习数据分布的方式生成逼真的视频内容，提高生成模型的稳定性和鲁棒性。

Transformer模型路线我们已经很熟悉了，Transformer模型就是一种能够理解序列数据的神经网络类型，通过自注意力机制来分析序列数据中的关系。在视频领域，Transformer模型可以应用于视频内容的理解、生成和编辑等任务，通过对视频帧序列进行建模和处理，实现视频内容的理解和生成。相比传统的循环神经网络，Transformer模型在长序列建模和并行计算方面具有优势，能够更好地处理视频数据中的长期依赖关系，提升生成质量和效率。

Sora其实采用的就是Diffusion模型（扩散模型）路线和Transformer模型路线的结合——Diffusion Transformer模型，即DiT。并且，凭借打造与训练GPT-4等大语言模型的先进经验，Sora还进一步优化了Diffusion Transformer模型，提出了Scaling Transformer模型。

根据Sora技术报告，Sora采用的DiT架构的理论基础是一篇名为 *Scalable Diffusion Models With Transformers* 的学术论文。该篇论文是2022年12月由伯克利大学研究人员、现Sora团队技术领导比尔·皮布尔斯（Bill Peebles）和纽约大学研究人员谢赛宁共同发表。

在Sora发布后，谢赛宁在某社媒平台上写道，"当Bill和我参与DiT项目时，我们并未专注于创新，而是将重点放在了两个方面：简洁性（simplicity）和可扩展性（scalability）"。他表示，"可扩展性是论文的核心主题，优化的DiT架构的运行速度比UNet（传统文本到视频模型的技术路线）快得多。更重要的是，Sora证明了DiT缩放定律不仅适用于图像，现在也适用于视频——Sora复制了DiT中观察到的视觉缩放行为。"

具体来看，基于扩散模型和Transformer结合的创新，Sora

首先将不同类型的视觉数据转换成统一的视觉数据表示（视觉patch），然后将原始视频压缩到一个低维潜在空间，并将视觉表示分解成时空patch（相当于Transformer token），让Sora在这个潜在空间里进行训练并生成视频。接着做加噪去噪，输入噪声patch后，Sora通过预测原始"干净"patch来生成视频。

OpenAI发现，训练计算量越大，样本质量就会越高，特别是经过大规模训练后，Sora展现出模拟现实世界某些属性的"涌现"能力。这也是为什么OpenAI把视频生成模型称作"世界模拟器"，并总结说持续扩展视频模型是一条模拟物理和数字世界的希望之路的原因。

2.1.2 为Sora打造视频语言"patches"

除了对扩散模型和Transformer进行创新结合外，OpenAI还创造性地为Sora打造了视频语言"patches"，即"块"——大语言模型对文本数据的输入范式tokens实现了代码、数字、字母、汉字等文字多模态的统一表达，使得大语言模型具备多种专业领域的通用式对话能力。以此为基础，OpenAI继承了token生成的技术理念，提出Sora对视频数据的输入范式patches。

简单来理解，patches其实就是Sora的基本单元，patches是视频的片段，一个视频可以理解不同patches按照一定序列组织起来的。就像GPT-4的基本单元是token，而token是文字的片段。GPT-4被训练以处理一串token，并预测出下一个token。Sora遵循相同的逻辑，可以处理一系列的patches，并预测出序列中的下一个patches。

　　具体来看，Sora的视频生成过程是一个精细复杂的工作流程，主要分为三个主要步骤：视频压缩网络、时空补丁提取，以及视频生成的Transformer模型。

　　视频压缩网络是Sora处理视频的第一步，它的任务是将输入的视频内容压缩成一个更加紧凑、低维度的表示形式。这一过程类似于将一间杂乱无章的房间打扫干净并重新组织。我们的目标是，用尽可能少的盒子装下所有东西，同时确保日后能快速找到所需之物。在这个过程中，我们可能会将小物件装入小盒子中，然后将这些小盒子放入更大的箱子。这样，我们就可以用更少、更有组织的空间存储同样多的物品。视频压缩网络正是遵循这一原理。它将一段视频的内容"打扫和组织"成一个更加紧凑、高效的形式（即降维），旨在捕捉视频中最为关键的信息，同时去除那些对生成目标视频不必要的细节。这不仅大大提高了处理速度，也为接下来的视频生成打下了基础。

　　那么，Sora是怎么做的呢？这里就用到了"块"（patches）的概念。简单来说，块就像是大语言模型中的token，指的是将图像或视频帧分割成的一系列小块区域。这些块是模型处理和理解原始数据的基本单元。对于视频生成模型而言，块不仅包含了局部的空间信息，还包含了时间维度上的连续变化信息。模型可以通过学习块与块之间的关系来捕捉运动、颜色变化等复杂视觉特征，并基于此重建出新的视频序列。这样的处理方式有助于模型理解和生成视频中的连贯动作和场景变化，从而实现高质量的视频内容生成。

此外，OpenAI还在块的基础上，将其压缩到低维度潜在空间，再将其分解为"时空块"（spacetime patches）步。

其中，潜在空间是指一个高维数据通过某种数学变换（如编码器或降维技术）后所映射到的低维空间，这个低维空间中的每个点通常对应于原始高维数据的一个潜在表示或抽象特征向量。本质上来讲，潜在空间，就是一个能够在复杂性降低和细节保留之间达到近乎最优的平衡点，极大地提升了视觉保真度。

时空块则是指从视频帧序列中提取出的、具有固定大小和形状的空间—时间区域。相较于块而言，时空块强调了连续性，模型可以通过时空块来观察视频内容随时间和空间的变化规律。为了制造这些时空块，OpenAI训练了一个网络，即视频压缩网络，用于降低视觉数据的维度。这个网络接收原始视频作为输入，并输出一个在时间和空间上都进行了压缩的潜在向量。Sora在这个压缩后的潜在空间中进行训练和生成视频。同时，OpenAI也训练了一个相应的解码器模型，用于将生成的潜在向量映射回像素空间。

经过视频压缩网络处理后，Sora接下来会将这些压缩后的视频数据进一步分解为所谓的"空间时间补丁"。可以将这些补丁视为构成视频的基本元素，每一个补丁都包含了视频中一小部分的空间和时间信息。这一步骤使得Sora能够更细致地理解和操作视频内容，并在之后的步骤中能进行针对性处理（图3）。

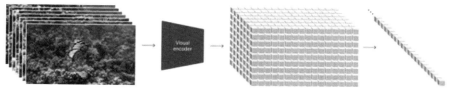

图 3　Sora 工作流程

最后一步，基于 Transformer 的模型，Sora 会根据给定的文本提示和已经提取的空间时间补丁，开始生成最终的视频内容。在这个过程中，Transformer 模型会决定如何将这些单元转换或组合，包括"涂改"初始的噪声视频，逐步去除无关信息，添加必要细节，最终生成与文本指令相匹配的视频。通过数百个渐进的步骤，Sora 能够将这段初看似无意义的噪声视频转变为一个精细、丰富且符合用户指令的视频作品。

通过这三个关键步骤的协同工作，Sora 就能够将文本提示转化为具有丰富细节和动态效果的视频内容。

可以看到，Sora 所用到的技术并不是最新的技术，不管是扩散模型还是 Transformer，都是早已提出来的模型，Sora 所做的，就是把 Diffusion 和 Transformer 架构结合在一起，创建了 Diffusion Transformer 模型，并为 Sora 打造视频语言"patches"。不过，虽然 Sora 的诞生没有多么纯粹原创的技术，很多技术成分早已存在，但 OpenAI 却比所有人都更笃定地走了下去，并用足够多的资源在巨大的规模上验证了它，这也是 OpenAI 能够成功的重要原因。

2.2 用大模型的方法理解视频

与过去的任何AI视频生成应用都不同，Sora最大的特点就是引入了大模型的方法来理解视频。可以说，正是因为借鉴了此前ChatGPT、GPT-4等大模型的经验，才有了Sora的成功，当然，Sora的出现，反过来也证明了大模型路线的又一次成功。

2.2.1 大模型的成功经验

大模型的成功为AI发展带来了许多经验，比如足量的数据、优质的标注、灵活的编码以及底层架构等。

从OpenAI公布的有限的信息来看，数据方面，虽然OpenAI并没有公布Sora训练数据的来源和构建，但鉴于Sora生成内容的丰富性（比如甚至可以生成相当连贯的Minecraft游戏视频），纽约大学助理教授谢赛宁发表多篇推文进行分析，推测整个Sora模型可能有30亿个参数。

在编码方面，OpenAI创新性地引入了patches作为视频语言，在上一节我们也已经提到，大语言模型的构建中，一个非常重要的部分便是它的token。Token使得任何长度和内容的文本都能编码成语言模型可以直接处理（输入/输出）的对象，而在Sora中，OpenAI则是将token变成了patch。这也为Sora带来了灵活的分辨率。Sora可以生成分辨率在1920×1080（横屏）~1080×1920（竖屏）像素之间任何形状的视频。这也让OpenAI可以在早期使用低分辨率的视频来试错。

在标注方面，OpenAI运用了旗下DALL·E 3为Sora提供高质量训练提示词（prompt）。Sora在训练过程中需使用大量带有描述文本的视频数据，并且描述文本的精确性、完整性与适用性十分重要。对此，OpenAI将DALL·E 3中图生文技术运用至视频领域，打造了一个具备高精准的视频描述文本生成模型Vedio Captioning，保障了视频与描述文本之间的高度一致性，为Sora提供高质量训练prompt。同时在推理阶段，通过此手段，Sora也具备将用户输入的prompt进行优化改写的能力，更高效、高质量地指导模型完成视频生成工作。

在底层架构上，OpenAI不出意外地使用了Transformer作为主要架构，再结合Diffusion Model（扩散模型）。毕竟，Transformer凭借注意力机制这一先进理念一直作为大语言模型的不二之选，而刚好文生视频模型更需要依靠强大的语义理解能力来保障生成视频的准确性、可靠性和完整性。而Diffusion作为图像类生成模型，具备比其他模型更强的非线性分布模拟能力，于是就成为了Sora等处理复杂任务的大模型首要选择。

除了数据、标注、编码和底层架构外，大模型的成功，或者说OpenAI的成功，还有一个核心的价值理念——Scaling Law（规模法则）。事实上，规模法则是一种普遍存在于各种复杂系统中的现象，从生物界到城市科学，其基本原理是随着系统规模的增大，某些特定属性或关系呈现出一种固定的模式或规律。这种规律通常表现为一种数学函数关系，比如幂律函数。

举个例子，在鸟群中，鸟和鸟之间的关联便是关于距离的幂律函数，即鸟群中的鸟之间的距离并不是随机分布的，而是呈现出某种规律，这种规律可以通过幂律函数来描述。鸟在飞行或觅食时，会受到其他鸟的影响，比如受到引力或斥力的作用。这些相互作用会导致鸟之间形成一种特定的排布模式。当鸟群规模增大时，个体之间的相互作用数量也随之增加。因此，更多的鸟会受到其他鸟的影响，从而导致距离更近或更远的鸟对之间的数量变化。而幂律函数则能够很好地描述这种变化趋势。

关于语言模型的Scaling Law来自OpenAI 2020年发布的论文，其释义可简要总结为：随着"模型大小""数据集大小""（用于训练的）计算浮点数"的增加，模型的性能会提高。当不受其他两个因素的制约时，模型性能与每个单独的因素都有幂律关系。再简单一点来说，就是大模型随着规模的变大，计算准确度呈现幂律上升。

虽然OpenAI没有放出Sora的训练细节，但我们其实可以在Sora的技术报告中又一次看到OpenAI所拥护的核心理念——Scaling Law。显然，支持Sora的Diffusion Transformer模型同样符合Scaling Law，随着训练计算量增加，视频质量显著提升。

2.2.2　物理世界的"涌现"

OpenAI每次提到规模法则时，几乎都会伴随着"涌现"现象的出现。"涌现"是个很神奇的现象，我们都知道，当蚂蚁聚集成群时，往往会展现出一种不可思议的"智能"表现。比如，它们能够自动发现从蚁群到达食物的最短路径。这种智能表现并不是由于某些个体蚂蚁的聪明才智，因为每只蚂蚁都非常小，不可能规划比它们身长长至少几十倍以上的路径。这种行为是由于许多蚂蚁聚集成一个蚁群，才表现出来的智能。这种现象，其实就是"涌现"。当然，不只是蚂蚁，从鸟群的灵活有序，到大脑产生意识，皆是涌现出来的特质。

在大模型领域，ChatGPT、GPT-4也表现出了智能的"涌现"，即随着模型规模变大，大模型突然在某一刻拥有了以前没有的能力，比如拥有了类人的语言逻辑能力，甚至能在自然语言交互中回答一些智力题。当然，这也是必然出现的现象，正如人类在知识到达一定程度的时候，就会出现认知的跃迁，从质变到量变的一个过程。而机器智能在结构了人类各种数据的基础上，尤其是对海量数据进行结构之后，必然能够从中寻找与总结出我们人类各种知识背后的规律，并且这种规律是我们人类自身都无法捕捉与总结的大数据下的规律。这种将通过海量数据学习所总结与获得的规律加以应用，就成为当前所说的人工智能的"涌现"现象。

而现在，这种神奇的进步再次在Sora身上得到了体现。正如OpenAI在技术报告里提到的，在长期的训练中，OpenAI发现Sora不仅能够生成视觉上令人印象深刻的视频内容，还能模拟复杂的世界互动，展现出惊人的三维一致性和长期一致性。这些特性共同赋予了Sora在视频内容创作中的巨大优势，使其成为一个强大的工具，能够在各种情境下创造出既真实又富有创意的视觉作品。

所谓三维一致性指的是Sora能够生成动态视角的视频。同时随着视角的移动和旋转，人物及场景元素在三维空间中仍然保持一致的运动状态。这种三维一致性不仅增加了生成视频的真实感，也极大地扩展了创作的可能性。无论是环绕一个跳舞的人物旋转的摄像机视角，还是在一个复杂场景中的平滑移动，Sora都能够以高度真实的方式再现这些动态。

值得一提的是，这些属性并非通过为三维物体等添加明确的归纳偏置而产生——它们纯粹是规模效应的现象。也就是说，是Sora自己根据训练的内容，判断出了现实世界中的一些物理客观规律，某种程度上，人类如果仅仅是通过肉眼观察，也很难达到这样的境界。

并且，在生成长视频内容时，维持视频中的人物、物体和场景的一致性是一项巨大挑战。Sora展示了在视频的多个镜头中准确保持角色的外观和属性的能力。这种长期一致性确保了即使在视频持续时间较长或场景变换频繁的情况下，视频内容也能保持逻辑性和连续性。比如，即使人物、动物或物体被遮挡或离开画面，Sora仍能保持这些元素存在于视线外，等到视角转换到能看到他们的时候，再将这些内容展现出来。同样地，它能够在单个样本中生成同一角色的多个镜头，并在整个视频中保持其外观的一致性。

Sora的模拟能力还包括模拟人物与环境之间的互动，这些微不足道的细节，却极大地增强了视频内容的沉浸感和真实性。通过精细地模拟这些互动，Sora能够创造出既丰富又具有高度真实感的视觉故事。

基于这些特性，才有了OpenAI的结论，即视频生成模型是构建通用物理世界模拟器的一条有前景的道路。Sora目前所展现的能力也确实表明，它是能通过观察和学习来了解物理规律的。人工智能能理解物理世界的规律，并能够生成视频，来模拟物理世界。这在过去是人们不敢想象的。

目前Sora还存在着不少问题，比如，Sora在其生成的48个视频demo中留了不少穿帮画面，比如在模拟基本物理交互时的准确性仍然不足。从现有的结果来看，它还无法准确模拟许多基本交互的物理过程，以及其他类型的交互。物体状态的变化并不总是能够得到正确的模拟，这说明很多现实世界的物理规则是没有办法通过现有的训练来推断的。在英伟达科学家范麟熙（Jim Fan）看来，目前Sora对涌现物理的理解是脆弱的，远非完美，仍会产生严重、不符合常识的幻觉，还不能很好掌握物体间的相互作用。这跟数字孪生还存在着本质上的区别，可以说Sora能构建的是一种模拟仿真世界，而并非真实物理世界的数字化生成与驱动。

在网站首页上，OpenAI详细列出了模型的常见问题，包括在长视频中出现的逻辑不连贯，或者物体会无缘无故地出现。比如，随着时间推移，有的人物、动物或物品会消失、变形或者生出分身；或者出现一些违背物理常识的画面，像穿过篮筐的篮球、悬浮移动的椅子。如果将这些镜头放到影视剧里或者作为长视频的素材，需要做很多修补工作。

当然，Sora究竟是否真的能够模拟物理世界还有待时间验证，但希望已经摆在了我们的眼前。

2.3 Sora是"世界模型"吗？

在关于Sora的讨论里，一个最受关注，也最具争议的问题就是：Sora是不是一个"世界模型"？或者说，Sora实现世界模型的技术路线究竟是不是正确的？

对此，OpenAI在官方网站上表示，Sora是能够理解和模拟现实世界的模型的基础，并且相信这一能力将是实现通用人工智能的重要里程碑。而以图灵奖获得者、Meta首席科学家杨立昆（Yann LeCun）为代表的人工智能专家则质疑Sora的能力，甚至愤怒地表示Sora的生成式技术路线注定失败。

Sora的世界模型争议究竟是如何掀起的？Sora的诞生，对"世界模型"又有何意义？

2.3.1 什么是世界模型？

在讨论Sora到底是不是世界模型之前，我们需要先回答一个问题，那就是什么是世界模型？

世界模型的概念源于人类对理解和模拟现实世界的追求。它与动物（包括人类）如何理解和预测周围环境的研究相关，这些研究起源于认知科学和神经科学。而随着时间的推移，这一思想被引入计算机科学、特别是人工智能领域，成为研究人员设计智能系统时的一个重要考虑因素。

在人工智能领域，所谓的世界模型，是指机器对世界运作方式的理解和内部表示，也可以理解为抽象概念和感受的集合。它能帮助AI系统理解、学习和控制环境中发生的事情。因此世界模型也可以看作AI系统的"心智模型"，是AI系统对自身和外部世界的认知和期望。

简单来说，世界模型就是让AI通过学习世界的内在规律来构建一个全面的内部模型，世界模型是一种全面、综合地描述和预测环境的方法，通过对感知信息的处理和数据建模，可以实现对于物体、场景、动作等要素的准确抽象和模拟。这种模型能够使AI具备预测未来事件、进行长期规划和决策的能力。比如，玩家正在玩一个赛车游戏，世界模型可以协助玩家模拟赛车预测不同驾驶策略的结果，从而选择最佳的行驶路线；或者在现实中，一个机器人可以使用世界模型来预测移动一件物体可能引起的连锁反应，从而做出更安全、更有效的决策。

理解现实世界的物理法则，也是通往通用人工智能（AGI）这一"终极目标"的必经之路。我们可以把AGI理解为一种具备全面的、人类水平的智能，能够跨越不同的抽象思维领域的AI系统，这就要求我们必须创建一个与经验相一致的世界模型，并允许对预测进行准确的假设。

显然，人工智能如果想要具备全面的、人类水平的智能，需要"理解"真实世界，"理解"物理定律，包括能量守恒定律、热力学定律、力的相互作用定律等。比如苹果不能突然在空中飘浮，这不符合牛顿的万有引力定律；在光线照射下，物体产生的阴影和高光的分布要符合光影规律等；物体之间产生碰撞后会破碎或者弹开。只有准确表示物体之间运动的相互关系和相互作用，才能让人类感觉到"智能"。

世界模型不仅提高了AI的抽象和预测能力，使其能够理解复杂环境并规划未来行动，还促进了AI解决创造性问题和社会互动的能力。通过内部模拟和推理，世界模型使AI能够适应新环境、有效合作以及自主学习，从而推动AI技术向更高层次的智能进化。

Runway公司在2023年12月就提出过要开发通用世界模型（General World Model），用其旗下的Gen-2模型来模拟整个世界。Runway认为，人工智能的下一个重大进步将来自理解视觉世界及其动态的系统，这就是为什么Runway要围绕通用世界模型开始一项新的长期研究工作的原因。

只不过，Runway的计划被OpenAI抢了先。从效果上看，目前OpenAI已经通过Sora部分做到了这一点。Sora可以生成逼真的视频，看起来，视频当中包含一个完整的3D世界建模，同时，Sora支持在保持画面内容一致的前提下切换镜头，甚至能够按照时间顺序往前或者往后生成新的视频内容。很多人认为，Sora学会了"预知"事物发展的能力，这正是世界模型研究所追求的。

2.3.2 支持还是反对?

Sora的出现让我们看到了多模态模型在模拟物理世界时的巨

大潜能，同时也引发了科技圈对于"世界模型"的众多争议。支持的声音众多，反对的声音也不少。

在支持的声音中，英伟达高级科学家范麟熙对此表示，Sora是一个数据驱动的物理引擎，"它是对许多世界的模拟，无论是真实的，还是虚构的。该模拟器通过去噪和梯度学习方式，学习了复杂的渲染、直观的物理、长期推理和语义理解。"举个例子，GPT-4一定是学习到了某种形式的语法、语义和数据结构，才能生成可执行的Python代码，因为GPT-4本身并不存储Python语法树。同理，Sora一定学习到了一些"隐式"的3D转换、光线追踪渲染技巧和物理规则，才可能准确地对视频像素进行建模。

除了范麟熙的认同外，支持Sora作为世界模型的另一种观点则认为，并不是所有的需求都需要对物理世界有一个准确的理解后，才能生产出相应的产品来满足人类的需求。就好像我们欣赏图片或者视频时，我们的眼睛并没有关心每一个像素点是否符合物理世界规律。一个广义的世界模型已经可以满足很多需求，极大提高人类的收集，分析，生产信息的效率。

在反对的声音中，杨立昆在社媒平台多次发文表达其看法。"世界模型"一直是杨立昆的研究重点，在他看来，仅仅根据prompt生成逼真视频并不能代表一个模型理解了物理世界，生成视频的过程与基于世界模型的因果预测完全不同。杨立昆表示，"模型生成逼真视频的空间非常大，视频生成系统只需要产生一个合理的示例就算成功。"根据杨立昆的观点，视频符合物理规律，不等于视频的生成基于物理规律，更不等于生成视频的大模型本身是数据驱动的物理引擎。所谓物理，可以只是视频画面整体与局部、前后帧统一的像素级的变化规律、表征关系。

在不看好Sora技术路径的质疑声中，不只有杨立昆。Keras之父弗朗索瓦·肖莱（François Chollet）也持有相似观点。他认为仅仅通过让AI观看视频是无法完全学习到世界模型的。尽管Sora确实展现出了对物理世界的模拟，但问题是这个模拟是否准确？它能否泛化到新的情况，即那些不仅仅是训练数据插值的情形？这次问题至关重要，因为它们决定了生成视频的应用范围是仅限于媒体生产还是可以用作现实世界的可靠模拟。

肖莱总结到，通过机器学习模型拟合大量数据点后形成的高维曲线在预测物理世界方面是存在局限的。在特定条件下，大数据驱动的模型能够有效捕捉和模拟现实世界的某些复杂动态，比如预测天气、模拟风洞实验等。但这种方法在理解和泛化到新情况时存在局限。所以他认为不能简单通过拟合大量数据来期望得到一个能够泛化到现实世界所有可能情况的模型。

*Artificial Intuition*作者卡洛斯·佩雷斯（Carlos E. Perez）则认为Sora并不是学会了物理规律，"只是看起来像学会了，就像几年前的烟雾模拟一样。"

2.3.3　通往世界模型的两种路径

关于Sora作为世界模型的支持和反对的观点，其实也代表着通往世界模型的两种路径。

其中,支持Sora作为世界模型,其实也就是支持OpenAI的自回归生成式路线(auto-regressive models),即"大数据、大模型、大算力"的暴力美学路线。从ChatGPT到Sora,都是这一思路的代表性产物。

简言之,Sora通过分析视频来捕捉现实世界的动态变化,并利用计算机视觉技术重现这些变化,创造新的视觉内容。它的学习不限于视频的画面和像素,还包括视频中展示的物理规律。

OpenAI相信规模,这也是OpenAI的核心价值观——当有疑问时,就扩大规模。毕竟,ChatGPT就是这样做的。计算机科学家斯蒂芬·沃尔夫勒姆(Stephen Wolfram)在《这就是ChatGPT》一书中直白地介绍了ChatGPT的原理:首先从互联网、书籍等获取人类创造的海量文本样本,然后训练一个神经网络来生成"与之类似"的文本。值得注意和出乎意料的是,这个过程可以成功地产生与互联网、书籍中的内容"相似"的文本。ChatGPT"仅仅"是从其积累的"传统智慧的统计数据"中提取了一些"连贯的文本线索"。但是,结果的类人程度已经足够令人惊讶了。

但以杨立昆为代表的业界专家,则认为这一技术路线是错误的,不可能产生真正的智能。杨立昆曾表示,大语言模型拥有从书面文本中提取的大量背景知识,但缺少人类所拥有的常识。常识是我们与物理世界互动的结果,并没有在任何文本中体现出来。大语言模型对潜在的现实没有直接的经验,因此展示的常识性知识非常浅薄,在应用中可能与现实脱节。

举个例子，大语言模型能够根据足球的材质、颜色等物理信息，得出足球被踢飞后的运行轨迹，这个推理过程不需要考虑物理力学的参数，而是基于训练数据中的概率。通过规模化训练，大模型在语言交流、图像和视频生成方面达到了出人意料的效果，但无法应用于解决基于因果的现实问题。

杨立昆认为，实现真正的智能突破不是靠规模，而是让AI在世界模型中学习常识。在论文 *A Path Towards Autonomous Machine Intelligence Version* 中，杨立昆提出了有关世界模型架构的另一种思路，与生成式架构通过前值预测后值不同，这一思路把重点放在预测前值与后值之间的抽象关系上。论文中提到，人或者动物大脑中似乎运行着一种对世界的模拟，称之为世界模型，这个模型指导人和动物对周围发生的事情做出良性预测。杨立昆曾举例表示，婴儿在出生后的最初几个月通过观察世界来学习基础知识，比如看到一个物体掉落，就几乎了解了重力。这种预测接下来会发生什么的能力来自常识，杨立昆认为它这就是智能的本质。

根据论文中的思路，杨立昆提出了联合嵌入预测架构（JEPA），并帮助Meta发布了I-JEPA和V-JEPA两个大模型，两个模型分别展示了在图像和视频方面的预测能力。Meta在训练V-JEPA模型的过程中屏蔽了视频的大部分内容，模型仅显示一小部分上下文。他们发现，通过屏蔽视频的部分内容，可以迫使模型学习并加深对场景的理解。整个过程就像老师把问题和答案给到学生，让学生还原推导出答案的步骤。V-JEPA可以预测短时间内画面前后的抽象变化,比如给定一个厨房案板的画面,它可以"还原"制作三明治的过程。Meta的下一步目标是展示,如何利用这种预测器或世界模型来进行规划和连续决策。

总的来说,今天,讨论Sora到底是不是世界模型其实并没有多大意义,也很难有一个真正结论,我们要看见和讨论的是,Sora令人惊叹的出色表现,以及它究竟会如何改变我们的生活。

显然,Sora要想成为真正的世界模型还需要很长一段路要走,这其中就包括算力的制约能否获得突破与解决,并且机器智能在学习真实物理世界的各种物理定律与规则之后,在多重叠加的物理规则下是否能够有效地掌握。或者说是否能从各种图像训练数据中抽取与掌握物理规律,这也是当前OpenAI所面临的现实挑战。

2.4　Sora背后的"王炸"团队

除了关注Sora性能、技术原理外,Sora团队成员同样引人注目。毕竟,对于Sora这样一个震惊世界的AI模型,人们也难免好奇,到底是什么样的团队,才能开发出这样的旷世大作?

2.4.1　13人组成的团队

根据OpenAI官网公布的信息,Sora的作者团队一共有13位(图4)。

Authors

Tim Brooks

Bill Peebles

Connor Holmes

Will DePue

Yufei Guo

Li Jing

David Schnurr

Joe Taylor

Troy Luhman

Eric Luhman

Clarence Wing Yin Ng

Ricky Wang

Aditya Ramesh

图4 官网公布的团队名单

蒂姆·布鲁克斯（Tim Brooks）在OpenAI共同领导了Sora
项目，他的研究重点是开发能模拟现实世界的大型生成模型。蒂
姆本科就读于卡内基梅隆大学，主修逻辑与计算，辅修计算机科
学，期间在Facebook软件工程部门实习了四个月。2017年，本
科毕业的蒂姆先到Google工作了近两年，在Pixel手机部门中研
究AI相机，之后到了伯克利AI实验室攻读博士。在伯克利读博
期间，蒂姆的主要研究方向就是图片与视频生成，他还在英伟
达实习并主导了一项关于视频生成的研究。回到校园后，蒂姆
与导师阿列克谢·埃夫罗斯（Alexei Efros）教授和同小组博士
后亚历山大·霍林斯基（Aleksander Holynski）（目前就职谷歌）
一起研制了AI图片编辑工具InstructPix2Pix，并入选CVPR 2023

Highlight。2023年1月，蒂姆顺利毕业并取得了博士学位，转而加入OpenAI，并相继参与了DALL·E 3和Sora的工作。

共同领导Sora项目的另一位科学家皮布尔斯与蒂姆师出同门，仅比蒂姆晚4个月毕业，Bill Peebles专注于视频生成和世界模拟技术的开发。皮布尔斯本科就读于麻省理工学院，主修计算机科学，参加了GAN和Text2Video的研究，还在英伟达深度学习，参与自动驾驶团队实习，研究计算机视觉。毕业后正式开始读博之前，皮布尔斯还参加了Adobe的暑期实习，研究的依然是GAN。在FAIR实习期间，和华人教授谢赛宁合作，研发出了Sora的技术基础之一DiT（扩散Transformer）。

康纳·霍姆斯（Connor Holmes）在微软实习了几年后，成为微软的正式员工，随后在2023年年底跳槽到了OpenAI，康纳·霍姆斯一直致力于解决在推理和训练深度学习任务时遇到的系统效率问题。在LLM、BERT风格编码器、循环神经网络（RNNs）和UNets等领域，他都拥有丰富的经验。

威尔·德普（Will DePue）高中就读于加州大学洛杉矶分校，这是一所大学附属中学，招收6~12年级的学生。在12年级最后一年（相当于国内高三），威尔·德普创立了自己的公司DeepResearch，后被Commsor收购。2021年，威尔·德普毕业于密歇根州立大学，获计算机科学专业学士学位。2023年7月加入OpenAI。2003年出生的威尔·德普也是团队中最小的一位。

郭宇飞（Yufei Guo）虽然没有留下履历，但在OpenAI的GPT-4技术报告和DALL·E 3技术报告里，都有参与并留名。

靖礼（Li Jing）本科毕业于北京大学，在麻省理工学院取得了物理学的博士学位，现在的研究领域包括多模态学习和生成模型，曾经参与了DALL·E 3的开发。

大卫·施努尔（David Schnurr）2012年加入了后来被Amazon收购的GraphiQ，带领团队做出了现在Alexa的原型。2016年跳槽到了Uber，3年之后加入了OpenAI，工作至今。

乔·泰勒（Joe Taylor）之前的工作经历涵盖了Stripe、Periscope.tv/Twitter、Square以及自己的设计工作室Joe Taylor Designer。他在2004~2010年，于旧金山艺术大学完成了新媒体/计算机艺术专业的美术学士（BFA）学位。值得一提的是，在加入Sora团队之前，他曾经在ChatGPT团队工作过。

埃里克·卢曼（Eric Luhman）专注于开发高效和领先的人工智能算法，其研究兴趣主要在生成式建模和计算机视觉领域，尤其是在扩散模型方面。

特洛伊·卢曼（Troy Luhman）和克拉伦斯·永寅（Clarence Wing Yin NG）则相对神秘，并没有在网上留有相关信息。

王宇（Ricky Wang）是一名华裔工程师，曾经在Meta工作多年，也是2024年1月才加入了OpenAI。

阿迪蒂亚·拉梅什（Aditya Ramesht）本科就读于纽约大学，并在杨立昆实验室参与过一些项目，毕业后直接被OpenAI留下。曾经领导过DALL·E 2和DALL·E 3，可以说是OpenAI的元老了。

2.4.2 一个年轻的科技团队

Sora团队,最大的特点,就是年轻。

团队中既有本科毕业的"00后"也有刚刚博士毕业的研究者人员。其中,皮布尔斯和蒂姆作为应届博士生担当研发负责人直接带领Sora团队,两人都毕业于加州大学伯克利人工智能研究实验室(BAIR),导师同为计算机视觉领域的顶尖专家埃夫罗斯。并且,从团队领导和成员的毕业和入职时间来看,Sora团队成立的时间也比较短,尚未超过1年。

Sora团队虽然是一个年轻的团队,但团队成员的经历不容小觑。

从Sora团队成员的工作经历来看,团队成员大部分来自外部的科技公司,其中人数来源最多的外部公司是科技巨头Meta和亚马逊,还有微软、苹果、Twitter、Instagram、Stripe、Uber等知名科技公司以及《连线》等知名科技杂志。

与此同时,许多团队成员也都是参与过OpenAI多个项目的"资深老兵"。在OpenAI的技术项目中,Sora团队成员参与人数最多的是DALL·E 3项目,共有5人参与过,占团队总人数的近3成。分别是重点关注开发模拟现实世界的生成式大模型的科学家蒂姆;在微软工作时以外援形式参与了DALL·E 3的推理优化工作的科学家霍姆斯;创建了OpenAI的文生图系统DALL·E的元老级科学家拉梅什;重点关注多模态学习和生成模型的华人科学家靖礼和公开资料少有显示的华人科学家郭宇飞。

其次是GPT项目，共有3人参与过，占团队总人数的近2成，分别是拉梅什、郭宇飞以及2019年就加入OpenAI的高级软件工程师施努尔，他们分别参与了GPT-3、GPT-4和ChatGPT的关键技术项目研发。

可以看到，Sora团队成员在计算机视觉领域有着深厚的技术积累，特别是近3成团队成员有参与过DALL·E项目的研发经验，这对之后成功研发Sora打下了坚实的基础。此外，团队研究人员的研究方向大多集中在图片与视频生成、模拟现实世界的技术开发、扩散模型等视觉模型以及多模态学习和生成模型方面，也为Sora的成功奠定了坚实的理论基础。

Sora一词取自日语，意思是天空，寓意着"无限创造潜力"，正如Sora的寓意一样，Sora团队不仅对技术有着极致的追求，也充满了创造力和活力。而Sora团队在人工智能图像和视频生成领域的突破，也预示着该团队将在未来的技术革新中扮演重要角色。

03

第三章

通用AI的里程碑

Sora

3.1 人类智能VS人工智能

ChatGPT、Sora等大模型的狂飙突进，让人类一次又一次震撼于人工智能的强大。在大多数任务上，大模型的表现都不输于甚至超越人类，这也向人们展示了一个道理——不只有人类才是智能的黄金标杆。

从人类智能到人工智能，随着人工智能应用的不断落地，人工智能之于人类的角色也在悄然改变——人们对于人工智能的期待和看法，正在从完成特定任务的机器转向了真正的智能伙伴，人类智能不再是世界的唯一智能，一个人类智能与人工智能协同发展的新智能时代正在到来。

3.1.1 人类智能的起源和进化

138亿年前，宇宙大爆炸。这是所有历史的开端，也是创世故事的开始。

46亿年前，地球诞生。6亿年后，在早期的海洋中，出现了最早的生命，生物开始了由原核生物向真核生物复杂而漫长的演化。

6亿年前，埃迪卡拉纪，地球上出现了多细胞的埃迪卡拉生物群，原始的腔肠动物在埃迪卡拉纪的海洋中浮游着。控制它们运动的，是体内一群特殊的细胞——神经元。不同于那些主要与附近细胞形成各种组织结构的同类，神经元从胞体上抽出细长的神经纤维，与另一个神经元的神经纤维相会。这些神经纤维中，负责接收并传入信息的"树突（dendrite）"占了大多数，而负责输出信息的"轴突（axon）"则只有一条（但可分叉）。当树突接受到大于兴奋阈值的信息后，整个神经元就将如同灯泡点亮一般爆发出一个短促但极为明显的"动作电位（action potential）"，这个电位会在近乎瞬间就沿着细胞膜传遍整个神经元——包括远离胞体的神经纤维末端。之后，上一个神经元的轴突和下一个神经元的树突之间名为"突触（synapse）"的末端结构会被电信号激活，"神经递质（neurotransmitter）"随即被突触前膜释放，用以在两个神经元间传递信息，并且能依种类不同，对下一个神经元起到或兴奋或抑制的不同作用。这些最早的神经元，凭着自身的结构特点，组成了一张分布于腔肠动物全身的网络。就是这样一张看来颇为简陋的神经元网络，成为日后所有神经系统的基本结构。

2000万年前起，一部分灵长类动物开始花更多时间生活在地面上。到了约700万年前，在非洲某个地方，出现了第一批用双脚站立的"类人猿"。

200万年前，非洲东部出现了另一个类人物种，就是我们所称的"能人"。这个物种的特别之处在于它的成员可以制作简单的石制工具。在这之后，漫长又短暂的150万年中，狭义上"智能"在他们那大概只有现代智人一半大的脑子里诞生、发展。他们开始改进手中的石器，甚至尝试着驯服狂暴的烈焰，在自然选择和基因突变的双重作用下，他们后代的脑容量越来越大，直到直立人的出现。

根据古生物学的研究，名为"直立人"的物种，和现代人类个头相当，其脑容量也和我们相差无几。他们制作的石制工具比"能人"更加精细复杂。随后，这个物种的部分成员离开非洲，历经多代繁衍与迁徙，最远的到达了今天的中国境内。终于，我们人类，即智人，出现在约25万年前的东非，开启了独属智人的智能进化。

20万年前，现代智人的大脑出现了飞跃性的发展，对直接生存意义不大的联络皮层，尤其是额叶出现了明显的增大，随之带来的就是高昂的能耗——人脑重量只占体重的约2%，而能耗却占了20%。但付出这些代价换来的结果，使得大脑第一次有了如此之多的神经元来对各种信息进行深度的抽象加工和整理储存。自此，人类的智能进化开启了通过文化因子传承智慧、适应环境的全新道路，从此摆脱了自然进化的桎梏，人类也从偏安东非一隅的裸猿成为扩散到全世界的超级生态入侵物种。

人类智能的第一个发端是对物质形态的转化。远古时期，人类对物质的转化是极其简单的。首先是从低级而又单一的几何形状物质的转化开始，例如把石块打磨成尖锐或者厚钝的石制手斧。猿人用它袭击野兽，削尖木棒，或挖掘植物块根，把它当成一种"万能"的工具使用。

中石器时代，石器发展成了镶嵌工具，即在石斧上装上木制或骨制把柄，从而使单一的物质形态的转化发展到两种不同质性的物质复合形态的转化。在此基础上又发展出石刀、石矛、石链等复合化工具，直到发明了弓箭。新石器时代，人类学会了在石器上凿孔，发明了石镰、石铲、石锄，以及加工粮食的石臼、石柞等。对低级而单一的物质形态的转化，即使物质形状在人的有目的的活动中，按照人的需要在转化着，同时这种劳动又在锻炼和改变着人脑，使人脑向智能实体迈进了第一步。

人类智能的第二个发端是对能量的转化。原始人类对"火"及自身的关系的认识就是一个明显的例证，从对雷电引起的森林或草原野火的恐惧，到学会用火来烧烤猎物以熟食，再到用火来御寒、照明、驱赶野兽，人工取火方法的掌握标志着火作为一种自然力真正被人们所利用。当"火"这种自然力开始为人所用时，也进一步促进了人体和大脑的发育，正如恩格斯所指出的"摩擦生火第一次使人支配了一种自然力，从而最终把人同动物界分开。"

对火的利用又令原始人类学会了烧制陶器，制陶技术使古代材料技术与材料加工技术得到了重大发展。它第一次使人类对材料的加工超出了仅仅改变材料几何形状的范围，制陶技术开始改变着材料的物理、化学属性。此外，制陶技术的发展，又为以后冶金技术的产生奠定了基础。

人类智能的第三个发端是对信息的转化。人们对物质形态和能量的转化过程中所创造的石斧、取火器具、陶器等物质成果和物质手段中，本身就内化着人与自然、人与人之间的关系和信息。它既是人们物质活动的手段，又是人们精神活动的手段；既是一种物质实体，又是一种信息的载体。因此，人们在从事物质形态和能量转化的同时，也必然要伴随着信息的转化。

对信息的转化使人类创造了语言，使人们在从事物质转化的过程中把共同的需要和共同的感受，以及内化在劳动过程和劳动成果中的人与人、人与自然的相互关系和信息，彼此进行不断的传授，以形成了某种"共识"，并以某种特定的音节表示不同的共识内容。

语言的出现使人类具备了从具体客观事物中总结、提取抽象化一般性概念的能力，并能通过语言将其进行精确的描述、交流甚至学习。事实上，语言的产生是古人类进化的必然结果，它与大脑功能和人体其他功能的发展是密不可分的。

人类独具的大脑皮层的左侧额叶的前底部——布罗卡氏（Broca）区控制语言产生的功能，后面的韦尼克（Wernicke）区主管语言的接收功能，右侧该区通过胼胝体（callosum）接收左侧区域信号以进行综合完成更为高级的功能如欣赏音乐、艺术和方向定位等。胼胝体内大约有 2 亿条神经纤维通过，对左右两半球的信息传播起着极为重要的作用。正如著名科幻作家伊藤计划在《杀戮器官》中所言，语言的本质，就是大脑中的一个器官。但就是因为这个脑结构的出现，人类的发展速度立刻呈现了爆发性的增长。

之后，建立在语言基础上的"想象共同体"出现了，人类的社会行为随之超越了灵长类本能的部落层面，一路向着更庞大、更复杂的趋势发展。随着文字的发明，最早的文明与城邦终于诞生在了西亚的两河流域。

3.1.2 从人类智能到人工智能

物质形态、能量和信息的转换和发端，既构成了人类智能的起源，又开创了人类智能活动对物质转化的整体雏形。

几千年来人类的全部活动表明，人类认识自然、改造自然的对象无非是三类最基本的东西：物质、能量、信息。迄今，人类掌握的主要技术都同改造这三类东西有关，都是在材料技术、能源技术、信息技术的基础上发展起来的。

随着这三个基本领域技术的不断发展，人类智能活动对物质的转化方式及转化成果也不断从单一要素向复合要素转化。蒸汽机的制造和使用，是人类智能对物质和能量两大要素的复合转化；电子计算机的制造和使用，是人类智能对物质、能量和信息三大要素的综合转化；而今天人们对人工智能的研究，则可以被理解为是人类将物质、能量、信息及人类智能四者合一的转化。

1950年，艾伦·图灵发表论文《计算机器与智能》，提出了机器能否思考的问题，为人工智能的诞生埋下了伏笔。1956年达特茅斯会议的召开，标志着人工智能作为一个全新概念的诞生，这一年也因此成为人工智能元年，世界由此变化。通过神经元理论的启发，人工神经网络作为一种重要的人工智能算法被提出，并在之后的几十年内被不断完善。和人脑的天然神经网络类似，人工神经网络也将虚拟的"神经元"作为基本的运算单位，并将其如大脑皮层中的神经元一样，进行了功能上的分层。

1961年，世界第一款工业机器人尤尼梅特（Unimate）在美国新泽西的通用电气工厂上岗试用。1966年，第一台能移动的机器人沙基（Shakey）问世，同年诞生的还有伊莉莎（Eliza）。伊莉莎可以算作今天亚马逊语音助手Alexa、谷歌助理和苹果语音助手Siri们的祖母，"她"没有人形，没有声音，就是一个简单的机器人程序，通过人工编写的DOCTOR脚本跟人类进行类似心理咨询的交谈。

在经过无数的反复和波折后，21世纪的人工智能进入了一个崭新的阶段，新一代神经网络算法在学习任务中表现出了惊人的性能，促使人工智能技术进一步走向实用化，人工智能相关的各个领域都取得长足进步。人工智能的许多能力更是已经超越人类，比如围棋、德州扑克，比如证明数学定理，再比如学习从海量数据中自动构建知识，识别语音、面孔、指纹，驾驶汽车，处理海量的文件、物流和制造业的自动化操作等。人工智能的应用也因此遍地开花，进入人类生活的各个领域。

过去10年中，人工智能开始写新闻、抢独家，经过海量数据训练学会了识别猫，IBM超级电脑沃森战胜了智力竞赛的两任冠军，谷歌AlphaGo战胜了围棋世界冠军，波士顿动力的机器人Atlas学会了三级障碍跳。2020年，人工智能更是落地助力医疗，智能机器人充当医护小助手，智能测温系统精准识别发热者，无人机代替民警巡查喊话，以及人工智能辅助CT影像诊断等。

不过，在这个时期，人工智能的智能化并不具备自主性，没有很强的思考能力，更多还是需要人工预先去完成一些视觉识别功能的编程，再让人工智能去完成对应的工作。直到2022年ChatGPT的问世，进一步推动了人工智能的爆发式增长，把人类真正推进了人工智能时代。基于庞大的数据集，ChatGPT得以拥有更好的语言理解能力，这意味着它可以更像一个通用的任务助理，能够和不同行业结合，衍生出很多应用的场景。

ChatGPT为通用AI打开了一扇大门，而我们正在步入这个前所未有的人工智能世界。ChatGPT之所以能够引爆人工智能技术热潮，核心就在于ChatGPT让我们看到了硅基拥有碳基智能的可能性，这也就意味着硅基能够以碳基的方式来表达世界。

可以说，人类智能这种无止境的延伸，一方面在改变着、转化着整个自然界；另一方面也创造了一种新的智能形式，那就是机器智能。

3.1.3 智能的本质是什么？

从人类智能到人工智能，智能的本质是什么？

根本上来看，人类智能主要与人脑巨大的联络皮层有关，这些并不直接关系到感觉和运动的大脑皮层，在一般动物脑中面积相对较小，但在人类的大脑里，海量的联络皮层神经元成为搭建人类灵魂栖所的砖石。语言、陈述性记忆、工作记忆等人类远胜于其他动物的能力，都与联络皮层有着极其密切的关系。而我们的大脑，终生都缩在颅腔之中，仅能感知外部传来的电信号和化学信号。

也就是说，智能的本质，就是这样一套通过有限的输入信号来归纳、学习并重建外部世界特征的复杂"算法"。从这个角度上看，作为抽象概念的"智能"，确实已经很接近笛卡尔所谓的"精神"了，只不过它依然需要将自己铭刻在具体的物质载体上——可以是大脑皮层，也可以是集成电路。这也意味着，人工智能作为一种智能，理论上迟早可以运行名为"自我意识"的算法。虽然有观点认为人工智能永远无法超越人脑，因为人类自己都不知道人脑是如何运作的。但事实是，迭代人工智能算法的速度要远远快于DNA通过自然选择迭代其算法的速度，因此，人工智能想在智能上超越人类，根本不需要理解人脑是如何运作的。

事实上，包括AlphaGo在内的人工智能已经证明，对确定目标的问题，机器一定会超越人类。而今天，ChatGPT、Sora的出现，也让我们一次又一次地感受到人工智能的力量，它们不同于过去任何一个人工智能产品，在大多数任务上，ChatGPT的表现都不输于甚至超越人类，这也向人们展示了这样一个道理——不只有人类才是智能的黄金标杆。未来，基于ChatGPT和Sora的"后代们"或将在更多任务上击败人类，但在很多任务上，人类会比机器更擅长。

可以看到，人类智能和人工智能是今天世界上同时存在的两套智能——人类智能不再是世界唯一的智能，并且，相比于基本元件运算速度缓慢、结构编码存在大量不可修改原始本能、后天自塑能力有限的人类智能来说，人工智能虽然尚处于蹒跚学步的发展初期，但未来的发展潜力却远远大于人类。

相较于人类智能，人工智能的优势特别体现在三个方面。首先是存储，人会遗忘。但人工智能只要有信息的输入，就会存储下来。其次是能力，尤其是在计算能力方面，人工智能的速度要远远超过人类。这意味着，在科学研究、工程设计、金融分析等领域，人工智能可以通过高效的算法和强大的计算能力迅速完成复杂的任务。比如，在天气预测中，人工智能可以分析大量气象数据，准确预测未来的天气状况，而人类则需要更长的时间和更多的计算资源。最后，就是人工智能的时间效率。这里的效率有两个方面的理解，一是学习效率。相比人类需要娱乐、社交、睡觉等，人工智能却可以 24 小时不眠不休地学习和进化，昨天还是婴儿，明天就是成人，后天就是最强大脑。二是解决问题的效率。人工智能可以全天候处理问题和工作。未来人工智能会比人类更熟练地使用各类工具，可能你一辈子才精通的操作精密机床的手艺，人工智能一晚上就学会了。

当然，这并不意味着人工智能会比人类创造者更聪明、更快、更好，现实是，人工智能和人类可能会一直擅长不同的事情。而且，一些难以解决的社会问题有可能通过人类与机器人的这种合作得到更好的解决。比如，相较于人工智能，人类在创造力和情感理解方面具有独特的优势。尽管人工智能可以通过学习大量数据来生成新的内容，但其创造力仍然受限于程序和算法，人类的创造性思维涉及情感、直觉和灵感，这是目前人工智能所难以模拟的。此外，人工智能在社交和人际关系方面难以与人类相提并论。人的情感理解和沟通技能是复杂而多层次的，牵涉语言、面部表情、身体语言等多个方面。尽管人工智能可以模拟一些方面，但真正理解和适应不同个体的情感状态仍然是一个巨大的挑战。因此，在医疗护理、心理辅导等领域，人类的人际关系技能和情感支持仍然是不可替代的。

展望未来，更可能出现的情况或许是我们寻求人类与人工智能的良性共生，而并非纠结于人类智能与人工智能孰强孰弱。而人们对于人工智能的期待和看法，也将从完成特定任务的机器转向了真正的智能伙伴。但在可以预见与正在到来的趋势，未来属于能够与机器智能良好协作的人，如何更好更快地调用机器智能将成为接下来这个时代人类最核心的竞争力，就如同今天使用各种数字化软件来协助我们完成工作一样。

3.2　从狭义 AI 到通用 AI

由于人工智能（AI）是一个宽泛的概念，因此会有许多不同种类或者形式的 AI。而基于能力的不同，人工智能大致可以分为三类，分别是狭义人工智能（ANI）、通用人工智能（AGI）和超级人工智能（ASI）。

3.2.1　狭义 AI、通用 AI 和超级 AI

到目前为止，我们所接触的人工智能产品大都还是 ANI。简单来说，ANI 就是一种被编程来执行单一任务的人工智能——无论是检查天气、下棋，还是分析原始数据以撰写新闻报道。

ANI 也就是所谓的弱人工智能。值得一提的是，虽然有的人工智能能够在国际象棋中击败世界象棋冠军，比如AlphaGo，但这是它唯一能做的事情，要求AlphaGo找出在硬盘上存储数据的更好方法，它就会茫然地看着你。

我们的手机的就是一个小ANI工厂。当我们使用地图应用程序导航、查看天气、与Siri交谈或进行许多其他日常活动时，都是在使用ANI。

我们常用的电子邮件垃圾邮件过滤器是一种经典类型的ANI，它拥有加载关于如何判断什么是垃圾邮件、什么不是垃圾邮件的智能，然后可以随着我们的特定偏好获得经验，帮我们过滤掉垃圾邮件。

网购背后，也有ANI的工作。比如，当你在电商网站上搜索产品，然后却在另一个网站上看到它是"为你推荐"的产品时，你会觉得毛骨悚然，但这背后其实就是一个ANI系统网络，它们共同工作，相互告知你是谁、你喜欢什么，然后使用这些信息来决定向你展示什么。一些电商平台常常在主页显示"买了这个的人也买了……"，这也是一个ANI系统，它从数百万顾客的行为中收集信息，并综合这些信息，巧妙地向你推销，这样你就会买更多的东西。

ANI就像是计算机发展的初期，人们最早设计电子计算机是为了代替人类计算者完成特定的任务。不过，艾伦·图灵等数学家则认为，我们应该制造通用计算机，我们可以对其编程，从而完成所有任务。于是，在曾经的一段过渡时期，人们制造了各种各样的计算机，包括为特定任务设计的计算机、模拟计算机、只能通过改变线路来改变用途的计算机，还有一些使用十进制而非二进制工作的计算机。现在，几乎所有的计算机都满足图灵设想的通用形式，我们称其为"通用图灵机"。只要使用正确的软件，现在的计算机几乎可以执行任何任务。

市场的力量决定了通用计算机才是正确的发展方向。如今，即便使用定制化的解决方案，比如专用芯片，可以更快、更节能地完成特定任务，但更多时候，人们还是更喜欢使用低成本、便捷的通用计算机。

这也是今天人工智能即将出现的类似的转变——人们希望AGI能够出现，它们与人类更类似，能够对几乎所有东西进行学习，并且可以执行多项任务。

与ANI只能执行单一任务不同，AGI是指在不特别编码知识与应用区域的情况下，应对多种甚至泛化问题的人工智能技术。虽然从直觉上看，ANI与AGI是同一类东西，只是一种不太成熟和复杂的实现，但事实并非如此。AGI将拥有在事务中推理、计划、解决问题、抽象思考、理解复杂思想、快速学习和从经验中学习的能力，能够像人类一样轻松地完成所有这些事情。

当然，AGI并非全知全能。与任何其他智能存在一样，根据它所要解决的问题，它需要学习不同的知识内容。比如，负责寻找致癌基因的AI算法不需要识别面部的能力；而当同一个算法被要求在一大群人中找出十几张脸时，它则不需要了解有关基因的知识。通用人工智能的实现仅仅意味着单个算法可以做多件事情，而并不意味着它可以同时做所有的事情。

但AGI又与ASI不同。ASI不仅要具备人类的某些能力，还要有知觉，有自我意识，可以独立思考并解决问题。虽然两个概念看起来都对应着人工智能解决问题的能力，但AGI更像是无所不能的计算机，而ASI则超越了技术的属性成为类似穿着钢铁侠战甲的人类。牛津大学哲学家和领先的人工智能思想家尼克·博斯特罗姆（Nick Bostrom）就将ASI定义为"一种几乎在所有领域都比最优秀的人类更聪明的智能，包括科学创造力、一般智慧和社交技能。"

3.2.2 如何实现通用AI？

实现AGI是人类技术发展的一项重大挑战，自人工智能诞生以来，科学家们就在努力实现通用AI。

实现通用AI具体可以分为两条路径。第一条路径就是让计算机在某些具体任务上超过人类，这种方法的核心就是通过训练和优化算法，使人工智能在特定领域达到甚至超越人类的水平，也就是"先专后通"。比如，在围棋领域，AlphaGo等人工智能系统已经表现出了比世界顶尖的围棋选手更高的水平；在医学领域，一些人工智能系统也展示出了在检测癌症或其他疾病方面的潜力。而如果能够让计算机在执行一些困难任务时的表现超过人类，那么人们最终就有可能让人工智能在所有任务中都比人类强。通过这种方式来实现AGI，人工智能系统的工作原理以及计算机是否灵活就无关紧要了。唯一重要的是，这样的人工智能在执行特定任务时达到最强，并最终超越人类。如果最强的计算机围棋棋手在世界上仅仅位列第二名,那么它也不会登上媒体头条,甚至可能会被视为失败。但是,击败世界上顶尖的人类棋手就会被视为一个重要的进步。

第二条路径则是关注人工智能的灵活性和泛化能力,其核心是让人工智能系统具备处理各种任务和情境的能力,并能够将一个任务中学到的知识应用到另一个任务中,我们也可以理解为"先通再专"。这种方法强调的是人工智能系统的通用性和适应能力,而不是局限于特定领域或任务。通过这种方式,人工智能就不必具备比人类更强的性能,人工智能系统也可以更好地应对复杂多变的环境和任务,从而更接近实现通用人工智能的目标。

事实上,在ChatGPT诞生之前,通用人工智能研究的主阵地都是第一条路径,即研发专用AI或者功能性AI,其主旨就在于让机器具备胜任特定场景与任务的能力。传统观念认为,若干专用智能堆积在一起,才能接近通用智能;或者说,如果专业智能都不能实现,则更不可能实现通用智能。可以说,"先专再通"是传统通用人工智能发展的基本共识。

但是,以ChatGPT为代表的大规模生成式语言模型,却颠覆了这一传统认识。从大语言模型的研发来看,要"炼成"通用的大语言模型,一般需要广泛而多样的训练语料,并且,训练语料越是广泛而多样,通用大模型的能力则越强。

不过,这样的通用大模型在完成任务时,效果可能仍然差强人意。因此,大模型经过训练后,一般还要经过领域数据微调与任务指令学习,使其理解领域文本并胜任特定任务,可见,大模型的智能是先通用，再专业。其中，通用智能阶段侧重于进行通识学习，习得包括语言理解与推理能力及广泛的通用知识；专业智能阶段则让大模型理解各种任务指令，胜任各类具体任务。

不难发现，相较于"先专后通"的通用人工智能发展路径，大模型的智能演进路径与我们人类的学习过程更加相似。人类的基础教育聚焦通识学习，而高等教育侧重专识学习。而大模型的成功，也为通用人工智能发展带来新的启示。

3.3　Sora离通用AI还有多远?

相较于过去任何一项在AI领域的技术突破，2022年末诞生的ChatGPT最大的不同就在于它是人类真正期待的那种人工智能的样子，就是具备类人沟通能力，并且借助于大数据的信息整合成为人类强大的助手。

可以说，ChatGPT是一个新的起点，它为AGI打开了一扇大门。而自ChatGPT之后诞生的GPT-4、Sora则延续了ChatGPT的技术路径，推动人类向AGI时代更进一步。

3.3.1　ChatGPT的通用性

之所以说ChatGPT打开了通用AI的大门，正是因为ChatGPT具备了前所未有的灵活性。虽然ChatGPT的定位是一款聊天机器人，但不同于过去那些智能语音助手的傻瓜回答，除了聊天外，ChatGPT还可以用来创作故事、撰写新闻、回答客观问题、聊天、写代码和查找代码问题等。

事实上，按照是否能够执行多项任务的标准来看，ChatGPT已经具备了通用AI的特性——ChatGPT被训练来回答各种类型的问题，并且能够适用于多种应用场景，可以同时完成多个任务。我们只要用日常的自然语言向它提问，不管是什么问题和要求，它就可以完成从理解到生成的各种跟语言相关的任务。

除了一般的聊天交谈、回答问题、介绍知识外，ChatGPT还能够撰写邮件、文案、视频脚本、文章摘要、程序代码和进行翻译等。并且，其性能在开放领域已经达到了不输于人类的水平，在很多任务上甚至超过了针对特定任务单独设计的模型。这意味着它可以更像一个通用的任务助理，能够和不同行业结合，衍生出很多应用的场景。

这让我们看到，ChatGPT已经不是传统意义上的聊天机器人，而是呈现出以自然语言为交互方式的通用AI的雏形，是走向通用AI第一块可靠的基石。

不仅如此，OpenAI还开放了ChatGPT API和ChatGPT微调功能，这让人人都可以使用通用AI模型成为了现实。要知道，在过去，开发一个AI系统需要庞大的团队和大量的资源，包括数据、算力和专业知识等。但是，有了ChatGPT API和ChatGPT微调功能的开放，人们可以直接使用OpenAI提供的服务来构建自己的AI应用，而无须从零开始搭建模型和基础设施。这降低了开发门槛，使得更多的人可以参与到AI应用的开发中来。人们只要通过API接口就可以轻松地获得ChatGPT的能力，并应用于各种任务和场景中，包括问答系统、对话生成、文本生成等，这使得通用人工智能不再是遥不可及的概念，而是每个人都可以使用的工具。

ChatGPT API 为 AI 的发展构建了一个完善的底层应用系统。这就类似于计算机的操作系统一样，计算机的操作系统是计算机的核心部分，在资源管理、进程管理、文件管理等方面都起到了非常重要的作用。在资源管理上，操作系统负责管理计算机的硬件资源，如内存、处理器、磁盘等。它分配和管理这些资源，使得多个程序可以共享资源并且高效地运行。在进程管理上，操作系统管理计算机上运行的程序，控制它们的执行顺序和分配资源，它还维护程序之间的通信，以及处理程序间的并发问题。文件管理方面，操作系统则提供了一组标准的文件系统，可以方便用户管理和存储文件。

Windows 操作系统和 iOS 操作系统是目前两种主流的移动操作系统，而 ChatGPT API 的诞生，也为 AI 应用提供了技术底座。虽然 ChatGPT 是一个语言模型，但与人对话只是 ChatGPT 的表皮，而 ChatGPT 的真正作用，是我们能够基于 ChatGPT 这个开源的系统平台上，开放接口来做一些二次应用。

也就是说，开发者们可以在这个技术平台上构建符合自己要求的各种应用系统，使之成为更加称职的办公助手、智能客服、外语译员、家庭医生、文案写手、编程能手、职业顾问、置业顾问、私人律师、面试考官、旅游向导、创意作家、财经分析师等——这也为通用人工智能的诞生以及由此对有关产业格局的重塑、新的服务模式和商业价值的创造，开拓了无限的想象空间。

3.3.2 Sora向通用AI时代更进一步

如果说ChatGPT是通用AI发展的一个新起点，那么在ChatGPT之后相继诞生的更强大的GPT-4和具有极强的多模态能力的Sora，则让人类向通用AI时代更进一步。

我们已经知道，ChatGPT和过去的AI最大的不同，就在于ChatGPT已经具备了类人的语言能力、学习能力和通用AI的特性。尤其是当ChatGPT开放给大众使用时，数以亿计的人涌入ChatGPT进行互动，ChatGPT将获得庞大又宝贵的数据，ChatGPT凭借着比人类更为强大的学习能力，其学习与进化速度正在超越我们的想象。基于此，开放端口给专业领域的组织并与其合作，以ChatGPT的学习能力，再结合参数与模型的优化，ChatGPT将很快在一些专业领域成为专家级水平。

就像我们人类的思考和学习一样，我们能够通过阅读一本书来产生新颖的想法和见解，人类发展到今天，已经从世界上吸收了大量数据，这些数据以无数的方式改变了我们大脑中的神经连接。人工智能研究的大型语言模型也能够做类似的事情，并有效地引导它们自己的智能。

对于GPT-4来说，作为ChatGPT的升级版本，当更强大的GPT-4甚至GPT-4的下一代的推出，OpenAI将其技术打造成通用的底层AI技术开放给各行各业使用之后，GPT-4就能快速地掌握人类各个专业领域的专业知识，并进一步加速人工智能在各个领域的应用和发展。由于GPT-4具备更强大的学习能力和适应性，GPT-4能够更快地掌握各种专业知识，并为不同行业提供更加个性化和专业化的服务。

比如，在医疗领域，GPT-4的应用将为医生提供更为个性化和专业化的服务。由于其能够更快地掌握各种专业知识，GPT-4可以帮助医生进行诊断和制订治疗方案。通过分析患者的病历数据和临床资料，GPT-4可以辅助医生做出更准确的诊断，并根据患者的特殊情况提供个性化的治疗建议。这将大大提高医疗服务的质量和效率，为患者提供更好的医疗保障。

在金融领域，GPT-4的应用也将为投资者提供更为准确和可靠的投资建议。通过分析市场数据和经济趋势，GPT-4可以预测股市的走势，并为投资者提供投资组合的优化建议。此外，GPT-4还可以帮助金融机构进行风险管理和资产配置，提高资金利用效率，降低投资风险。金融公司摩根士丹利，已经使用GPT-4来管理、搜索和组织其庞大的内容库。

而Sora则是在GPT-4的基础上更多了一项视觉理解能力。在Sora之前出现的AI视频生成工具，比如Runway和Pika，可以明显看出其生成的诸多问题，比如威尔史密斯吃面条的视频，史密斯的形象总体上是明显扭曲的。而这些问题归根结底是在于其视频所生成的内容违背了现实世界的物理规律或人类社会的文化习俗。但Sora却史无前例地拥有了"理解"世界规律的能力，并且能够在更大时空范围内解决这一问题，时长长度从AI视频生成的几秒时间拉长到了1分钟。

要知道，即便是几秒的视频，其所表达的信息量也是十分巨大的，比如"一个时尚的女子行走在东京街头"单单一句话，所包含的信息就包括：人类这个物种的生物特征、人类文化的基本形态、人类行走的姿态、地球的重力状态以及人与世界的复杂关系等等，可以说，在一个1分钟视频所展示的世界中，其物理环境和人文环境之复杂度是惊人的。但Sora却能够做到逼真的模拟，几乎完全吻合物理规律、文化习俗、生活常识，各种对象与要素之间的空间关系、时序关系也是合情合理。即便在一些想象的场景，Sora所生成的"想象"视频也是合乎人类的想象逻辑，而非是随机乱象。而这些对Sora来说轻而易举到只需要一个指令就能完成的任务，换做传统计算机模仿，则需要借助复杂的数学模型才能实现，甚至每一类物理现象有着复杂的数学模型，比如烟花爆炸、火焰喷发、海浪波动、动物行走等。

Sora这种惊人的建模能力，其实就是人工智能对世界的理解能力，这种理解能力甚至是远超人类对世界的认知能力的。数千年来，人类一直采取各种方式认知这个复杂的现实世界。神话、宗教、科学都是人类认知世界的方式。但不管是哪一种认知方式都是对世界本原的一种简化理解。日常生活中，人们倾向于使用语言表达对于世界的体验；科学研究中，科学家倾向于用公式表达对世界的认知。但符号公式一定程度上都是对非线性的复杂世界的一种简化还原。绝大部分经典理论都是在各种假设与前提下才能建立，这些假设与前提都是人类认知复杂世界所作出的妥协。

如果将机器的建模能力认定为是一种对世界的认知能力，那么我们可能不得不承认，人类的认知能力相对于机器认知能力而言是存在着明显缺陷的。人类的认知总体而言是线性的、有限的、简单的。但人工智能却可以在数以百万计、千万计的决策变量下进行决策。特别是 Sora 的出现，更是让我们看到机器感知维度的多元化的可能。

从 ChatGPT 到 Sora，今天，人类正向着通用 AI 时代大步前进，特别是 Sora 的发布，更是通用 AI 的一个重要节点，代表着我们迈向更广阔、更智能的未来的关键一步。

3.4 奇点隐现，未来已来

在数学中，"奇点（singularity）"被用于描述正常的规则不再适用的类似渐近线的情况。在物理学中，奇点则被用来描述一种现象，比如一个无限小、致密的黑洞，或者我们在大爆炸之前都被挤压到的那个临界点，同样是通常的规则不再适用的情况。

1993 年，弗诺·文格（Vernor Vinge）写了一篇著名的文章，他将这个词用于未来我们的智能技术超过我们自己的那一刻——对他来说，在那一刻之后，我们所有的生活将被永远改变，正常规则将不再适用。如今，随着 ChatGPT 的爆发和 GPT-4、Sora等 AI 大模型的相继诞生，我们似乎已经站在了技术奇点的前夜。

3.4.1 超越人类只是时间问题

从人工智能技术角度来看，人工智能最大的特点就在于，它不仅仅是互联网领域的一次变革，也不属于某一特定行业的颠覆性技术，而是作为一项通用技术成为支撑整个产业结构和经济生态变迁的重要工具之一，它的能量可以投射在几乎所有行业领域中，促进其产业形式转换，为全球经济增长和发展提供新的动能。自古及今，从来没有哪项技术能够像人工智能一样引发人类无限的畅想。

由于人工智能不是一项单一技术，其涵盖面及其广泛，而"智能"二字所代表的意义又几乎可以代替所有的人类活动，即使是仅仅停留在人工层面的智能技术，人工智能可以做的事情也大大超过人们的想象。

在ChatGPT爆发之前，人工智能就已经覆盖了我们生活的方方面面，从垃圾邮件过滤器到叫车软件，日常打开的新闻是人工智能做出的算法推荐，网上购物，首页上显示的是人工智能推荐的用户最有可能感兴趣、最有可能购买的商品，包括操作越来越简化的自动驾驶交通工具、再到日常生活中的面部识别上下班打卡制度等，有的我们深有所感，有的则悄无声息浸润在社会运转的琐碎日常中。

而ChatGPT的到来与爆发，却将人工智能推向了一个真正的应用快车道上。

李开复曾经提过一个观点——思考不超过5秒的工作，在未来一定会被人工智能取代。事实也确实如此，在某些领域，ChatGPT和GPT-4就已远远超过"思考5秒"这个标准了，并且，随着它的持续进化，加上它强大的机器学习能力，以及在于我们人类互动过程中的快速学习与进化。在我们人类社会所有有规律与有规则的工作领域中，取代与超越我们人类只是时间问题。

3.4.2　技术奇点的前夜

在今天，我们每个人都能感受到，人类的进步正在随着时间的推移越来越快——这就是未来学家雷·库兹韦尔（Ray Kurzweil）所说的人类历史的加速回报法则（Law of Accelerating Returns）。

发生这种情况是因为更先进的社会有能力以比欠发达的社会更快的进步，因为它们更先进。19世纪的人类比15世纪的人类知道得更多，技术也更好，因此，19世纪的人类比15世纪取得的进步要大得多。

1985年上映了一部电影——《回到未来》。在这部电影里，"过去"发生在1955年。在电影中，当1985年的迈克尔·福克斯回到30年前，也就是1955年时，新奇的电视、苏打水的价格、刺耳的电吉他都让他措手不及。那是一个不同的世界。但如果这部电影是在今天拍摄的，"过去"发生在1993年，或许会更有趣。我们任何一个人穿越到移动互联网或AI普及之前的时代，都会比迈克尔·福克斯更加不适应，也更与1993年的时代格格不入。这是因为1993~2023年的平均进步速度，要远远高于1955~1985年的进步速度。最近30年发生的变化比之前30年要快得多，多得多。

雷·库兹韦尔认为，"在前几万年，科技增长的速度缓慢到一代人看不到明显的结果；在最近一百年，一个人一生内至少可以看到一次科技的巨大进步；而从二十一世纪开始，大概每三到五年就会发生与此前人类有史以来科技进步的成果类似的变化。"总而言之，由于加速回报定律，库兹韦尔认为，21世纪将取得20世纪1000倍的进步。

　　事实也的确如此，科技进步的速度甚至已经超出个人的理解能力极限。2016年9月，AlphaGo打败欧洲围棋冠军之后，包括李开复在内的多位行业学者专家都认为AlphaGo要进一步打败世界冠军李世石希望不大。但后来的结果是，仅仅6个月后，AlphaGo就轻易打败了李世石，并且在输了一场之后再无败绩，这种进化速度让人瞠目结舌。

　　现在，AlphaGo的进化速度正在大模型的身上再次上演。OpenAI在2020年6月发布了GPT-3，并在2022年3月推出了更新版本，内部称之为"davinci-002"。然后是广为人知的GPT-3.5，也就是"davinci-003"，伴随着ChatGPT在2022年11月的发布，紧随其后的是2023年3月GPT-4的发布。2024年2月，OpenAI又重磅发布了Sora。而按照Sam奥特曼的计划，GPT-5也将在2024年被正式推出。

　　从GPT-1到GPT-3，从ChatGPT到GPT-4，再到Sora，每一次的发布都带给我们全新的震撼——在这个过程中，人类社会讨论了多年的人工智能，也终于从"人工智障"向设想中的人工智能模样发展了。

　　奇点隐现，而未来已来。正如互联网最著名的预言家，有"硅谷精神之父"之称的凯文·凯利（Kevin Kelly）所说的那样，"从第一个聊天机器人（Eliza，1964）到真正有效的聊天机器人（ChatGPT，2022）只用了58年。所以，不要认为距离近视野就一定清晰，同时也不要认为距离远就一定不可能"。

04

第四章

Sora爆发，
颠覆了谁？

Sora

4.1 影视制作，一夜变天

作为一种先进的文生视频模型，Sora的诞生，在影视制作行业掀起了巨大风暴。

通过Sora生成的视频，不仅支持60秒一镜到底，还能看到主角、背景人物，且展现了极强的一致性，同时包含了高细致背景、多角度镜头，以及富有情感的多个角色。一夜之间，几乎所有影视制作行业的从业者们，不管是导演、编剧，还是剪辑师们都感受到了来自Sora的巨大冲击。

那么，横空出世的Sora将给影视行业带来怎样的变化？是新一轮下岗潮将至，还是迎来"人人都是导演"的新时代？

4.1.1 Sora并非第一轮冲击

虽然Sora诞生后，很多讨论都围绕"Sora会颠覆影视行业"展开，但是Sora并不是第一个被认为会颠覆影视行业的生成式人工智能（AIGC）——AIGC对影视行业的冲击，很早之前就已经开始。Sora也不是第一个专注于文生视频技术的大模型，在Sora诞生之前，AIGC就已经在视频领域取得了显著的突破和进步。

人工智能Sora

机遇·问题·未来

比如，Meta发布的Make-A-Video通过配对文本图像数据和无关联视频片段的学习，成功地将文本转化为生动多彩的视频。这一成果不仅加速了文本到视频模型的训练过程，还消除了对配对文本—视频数据的需求。其生成的视频在美学多样性和创意表达上达到了新的高度，为内容创作者提供了强大的工具支持。

Runway AI视频生成器则以其易用性和高效性而受到广泛关注。通过简单的界面操作，用户就能快速创建出专业品质的视频作品。其自动同步视频与音乐节拍的功能更是大大提升了最终产品的观赏体验。随着Gen-1和Gen-2等后续版本的推出，Runway AI在视频创作领域的实力不断增强，为多模态人工智能系统的发展树立了典范，其中，Gen-2还具有Motion Brush动态笔刷功能，只需要在图像中的任意位置一刷，就能使图像中静止的物体动起来。

Pika和Lumiere的发布进一步推动了生成式人工智能在视频领域的应用。Pika以其对3D动画、动漫等多种风格视频的生成和编辑能力，为用户提供了更加丰富的选择。谷歌的Lumiere则通过引入时空U-Net架构等创新技术，成功实现了对真实、多样化和连贯运动的视频的合成，为视频编辑和内容创建带来了革命性的变革。此外，2023年12月21日，谷歌还发布一个全新的视频生成模型VideoPoet，能够执行包括文本到视频、图像到视频、视频风格化等操作。

可以说，在Sora诞生以前，AIGC在视频领域的发展就已经呈现出了蓬勃的态势。这些先进的系统不仅提升了视频创作的效率和质量，还为创意表达提供了新的可能性。即便是在这样的背景下，Sora的诞生，还是震惊了世界。

事实上，在过去的一年中以Runway等为代表的文生视频模型已经令影视创作者感受到了震撼，但是与能够一次生成60秒以上高质量视频的Sora相比，此前的文生视频模型依然与Sora显示出巨大的差距。

在相同的提示词下，Pika仅能生成3秒的视频，Gen-2则可以生成18秒的视频，Sora生成的视频时间最长可达1分钟。

并且，基于Sora生成的视频可以有效模拟短距离和长距离中人物和场景元素与摄像机运动的一致性；与物理世界产生互动；在主题和场景构成完全不同的视频之间创建无缝过渡，并能转换视频的风格和环境；扩展生成视频，向前和向后延长时间，实现视频"续写"。相较之下，无论是Pika还是Gen-2都难以始终保持同一人物的连贯性。

更重要的是，Sora不仅具有生成视频的能力，更具有对真实物理世界的理解和重新建构的能力。就像OpenAI的技术报告所说的那样，"Sora能够深刻地理解运动中的物理世界，堪称为真正的'世界模型'"——如果说ChatGPT这类语言模型是从语言大数据中学习，模拟一个充满人类思维和认知映射的虚拟世界，是虚拟思维世界的"模拟器"；那么Sora就是在真实地理解、反映物理世界，是现实物理世界的"模拟器"。

以Sora生成的"海盗船在咖啡杯中缠斗"视频为例，为了让生成效果更加逼真，Sora需要理解和模拟液体动力学效果，包括波浪和船只移动时液体的流动。还需要精确模拟光线，包括咖啡的反光、船只的阴影，以及可能的透光效果。只有精准地理解和模拟现实世界的光影关系、物理遮挡和碰撞关系，生成的画面才能真实、生动。

Sora所展示的能力远远超越了人们此前对于AI生成视频的预想，可以说，虽然Sora并非第一轮冲击，但却是影视行业受到AI影响最猛烈的一次冲击。

4.1.2　Sora是个了不起的工具

今天，我们确实也需要正视包括Sora在内的AIGC工具对于影视行业的影响和冲击。对于影视行业来说，Sora无疑是个了不起的工具。

一方面，Sora有望进一步提升影视制作的效率，尤其是在模型制作、模型渲染和优化等领域可以发挥重要作用，这将极大地缩短视频制作的周期。

Sora的出现让我们看到人类需要经过数年专业训练的文本转影视的表达技能，或者说这种艺术性的表现方式，这种比单纯的文本人机交互更为复杂的多模态转换与表现方式，如今已经被人工智能所掌握。正如ChatGPT最大的颠覆是让我们看到了人工智能，也就是基于硅基的智能完全可以被训练成拥有类人语言逻辑理解与表达能力一样，Sora的最大颠覆就是让我们看到基于硅基的智能，完成可以被训练成拥有与具备人类最高阶的文本转视频的艺术化表现能力。

在以往，人类要完成一个视频项目，尤其是影视项目，通常需要花费数月甚至数年的时间，涉及拍摄、剪辑、配音、特效等多个环节。而 Sora 只需要输入文本描述，就可以自动生成高清晰度、高逼真度的视频，节省了大量的时间和成本。

并且，从质量上来说，Sora 还可以极大地提升视频制作的水平。过去，一个视频项目需要依赖于专业的技术人员和设备，才能达到较高的质量标准，而 Sora 可以根据文本描述生成任何类型和风格的视频，无论是现实场景还是虚拟世界，无论是纪录片还是科幻片，都可以轻松实现。

好莱坞演员、电影制片人和工作室老板泰勒·佩里在看到 Sora 后，决定无限期搁置耗资 8 亿美元扩建工作室的计划，其本来计划再添加 12 个摄影棚。佩里认为，Sora 可以避免多地点拍摄的问题，甚至不用再搭建实景，无论是想要科罗拉多州雪地，还是想要月球上的场景，只要写个文本，人工智能可以轻松生成它。此前，佩里已经在两部电影中使用人工智能，仅在老化妆容上就节省了"几个小时"。

事实上，基于目前的技术，人工智能已经可以模拟生成大量不同的角色和场景，帮助提升影视制作的效率。比如，2023 年 8 月，AI 视频博主"数字生命卡兹克"发布的一条《流浪地球 3》预告片火爆全网，甚至引起导演郭帆关注。他用 Midjourney 生成了 693 张图，用 Runway Gen-2 生成了 185 个镜头，最后选出来 60 个镜头进行剪辑，只花了 5 个晚上。在后续发布的教程中，他表示，以前自己做视频，用 Blender 建模渲染，要花 1 个多月的时间。

在《瞬息全宇宙》视觉特效团队只有8个人的情况下，视觉特效师埃文·哈勒克（Evan Halleck）称借助Runway辅助特效制作，缩短了制作周期。特别是在电影里两个岩石对话的场景中，当沙子和灰尘在镜头周围移动时，Runway的动态观察工具快速、干净地提取岩石，将几天的工作时间缩短为几分钟。Runway首席执行官瓦伦苏埃拉称，AI视频的应用让好莱坞走向2.0，每个人都能制作以前只有少数人能够制作的电影和大片。

另一方面，以Sora为代表的AIGC工具还进一步降低了影视创作的入门门槛，让更多的普通用户能够在具有一定的审美的基础上去创作出质量更高的作品。

毕竟，Sora已经不仅仅是一个视频生成工具，其更深谙人类文本，通过输入简短的文字，就能够创造出最长1分钟的高清视频，并展现惊人的创意和专业水准，Sora的能力不仅仅是技术上的进步，更在于它对真实世界的理解和模拟。传统的文生成视频软件往往只是在2D平面上操作图形元素，而Sora通过大模型对真实世界的理解，成功跳脱了平面的束缚，使得生成的视频更加真实、栩栩如生。

可以预见，未来借助人工智能的力量，人们能够将自己的想象以更好的可视化方式呈现出来。正如本雅明在《机器复制时代的艺术作品》中提到艺术作品所独具的是"灵韵"，生成式人工智能可以将更多蕴含在普通人想象中的灵韵"具象化"，为世界提供更丰富的作品。

4.1.3　唱衰影视行业的声音

每次一有技术的突破，特别是这两年人工智能技术突破，市场上就会有许多悲观的声音。比如这次Sora的问世，就有很多观点认为影视行业要"完了"。

不可否认，Sora的出现，给影视行业带来了比过往任何一次都要大的冲击。它极有可能会影响一些从事视频制作相关工作人员的就业前景——随着Sora等人工智能技术的普及和完善，一些传统的视频制作工作将会被取代或降低价值。这意味着一些重复性高、标准化程度较高的视频制作任务，比如字幕添加、剪辑等，可能会被人工智能完全或部分取代。其实，如果AI视频生成按照现在的发展速度发展下去，很快，很多简单的镜头、群演、灯光布景等，都可以用AI去完成了。

不过目前，即使是最先进的Sora，在技术方面依然具有很大的局限性，比如无法准确地模拟很多基本的交互物理特性，在涉及物体状态改变的交互方面表现不足，经常会出现一些不该出现的物体或运动不一致的情况等。很显然，这些问题的解决还需要一些时间，其中最关键的是两方面的问题，一方面是如何让机器智能能够掌握与理解物理世界诸多的物理规则，以保障在生成的时候不会出现物理定律的混乱与出错；另一方面则是算力的突破，如果算力无法有效地支撑多模态的复杂模型训练与大规模的公开试用，就很难从根本上完善Sora的模型本身。

并且，AIGC也依然无法取代影视创作的主体性。一方面，以ChatGPT、Sora为代表的生成式人工智能模型都是基于大量来自人类创造出的作品训练的结果，因为它所生产出来的所有的一切在其本质上仍然是基于人类劳动的过程。另一方面，在人工智能技术不断迭代的过程中，其主要的目的依然是对人类及人类所处的真实世界的模仿，如果说今天的电影是一种对人类世界的加工和虚拟，那AIGC则是对这种虚拟的虚拟。

因此，就当前来说，Sora的定位仍然是工具——既然是工具，变革的就是创作方式。换言之，在影视行业，创意性和人类独特的思维仍然是不可替代的。当然，这也是人类进入人工智能时代和人机协同时代之后，人与机器之间协作的最大价值，也就是人类独特的想象力与创新力。

事实上，在艺术创作领域，包括影视行业与其他行业最大的区别在于作品里有制作者强烈的个人意愿和情感倾向，这恰恰就是个人艺术水平和创意性的体现，也是一个影视作品最核心的存在，而这些都是人工智能无法完全取代的。因此，虽然技术的进步可能会改变影视行业的工作方式和产业结构，但行业的核心仍然是人类的创造力和想象力。

并且，从表演角度来看，合成人物的表演也不太可能完全取代电影和电视中的真实人类表演，至少它们无法担任主演——真人表演着重于演员细腻的动作和表情呈现，而要人工智能真实地复制人类演员的全部情感和反应能力也是极其困难的。人工智能或许可以辅助演员们，让他们从烦琐工作中释放更多宝贵时间，来做更多有意思的事情。

事实上，影视艺术的诞生本就是科技进步的产物。从历史上看，任何技术的发明都为影视行业带来了机遇——从胶片时代到数码时代，从2D到3D。而Sora就像影视行业历史上任何一次技术革命一样，有望提高制作效率、更新制作，甚至可能创造新的类型、风格、流派。也许在未来的有一天，更成熟的Sora的世界构建能力可以为视觉叙事开启难以想象的前景，释放无数不同声音，讲述人类从未想象过的故事。

在这个过程中，Sora也为影视行业打开了一个新世界，作为影视制作的超级工具，Sora有望破除绘画、动画等技能带来的创作壁垒，使有想法的人都能用Sora这样的工具来让自己脑子里的好点子视觉化，这也意味着Sora将使个人可以前所未有地做出专业电影制作人才能完成的视频效果和内容。

当然，这对于科幻电影行业的发展将起到前所未有的助推，因为基于Sora我们可以在数字世界中以数字的方式实现我们对于未来的一些想象，并且能够基于数字的方式生成与表现出来，这就完全突破了基于当前的物理实景搭建，或者基于数字模型的建模，就能最大程度的突破人类理解与表现的限制。

Sora所带来的影响，一方面给影视行业的从业者们带来了挑战，因为Sora使得过去受限于高昂成本和技术壁垒的创意设想得以轻松实现，因此，影视产业链上，编剧、作家等有想法的人群，就可以一定程度上绕开制片人、摄影师、灯光师等，直接生产电影。或许未来，影视产品的创作会变得和写小说一样低成本，这会让影视作品如井喷一般爆发，随之必然会诞生不少优质的作品。届时，留下的只会是有创意的创作者，而不够有创意的人都会被淘汰。另一方面也降低了影视行业的门槛，Sora可以让更多的人参与到视频制作中来，不再受限于专业技能和设备。任何有创意和想法的人，都可以利用Sora来实现自己的影视梦想。

或许不久的将来，网络文学将会逐步退出人类社会，基于Sora所生成的网络影视剧将会逐步走入人类社会，成为一种新的阅读方式。

无论如何，Sora的出现都是AIGC里程碑式的进步，也是电影行业加速变化的开端。

4.2　Sora暴击短视频行业

除了对传统影视行业造成的冲击，Sora的发布更是对今天的短视频行业的一次暴击。

短视频行业一直是当前全球内容消费的主战场。从国内的抖音、快手、哔哩哔哩弹幕视频网到国外的TikTok，用户对于短视频的热爱可见一斑。而Sora的问世，将极大地推动短视频创作的巨变。以前，制作一段令人惊艳的短视频需要团队的密集合作，但随着Sora的出现，这一切都变得轻而易举。只需简单的文字输入，就能轻松生成1分钟的高质量视频。

那么，在Sora的浪潮下，短视频行业又将迎来什么新变化？

4.2.1　在UGC时代崛起的短视频

今天的时代是一个内容消费的时代，文章、音乐、视频和游戏都是内容，而我们，就是消费这些内容的人。既然有消费，自然也有生产，与人们持续消费内容不同，随着技术的不断更迭，内容生产也经历了不同的阶段。

PGC是传统媒体时代以及互联网时代最古早的内容生产方式，特指专业生产内容。一般是由专业化团队操刀、制作门槛较高、生产周期较长的内容，最终用于商业变现，如电视、电影和游戏等。PGC时代也是门户网站的时代，这个时代的突出表现，就是以四大门户网站为首的资讯类网站创立。

1998年，王志东与姜丰年在四通利方论坛的基础上创立了新浪网。1998年5月，起初主打搜索和邮箱的网易，开始向门户网站模式转型。1999年，搜狐推出新闻及内容频道，确定了其综合门户网站的雏形。2003年11月，腾讯公司推出腾讯网，正式向综合门户网进军。

在初期，所有这些网站每天要生成大量内容，而这些内容，并不是由网友提供的，而是来自专业编辑。这些编辑要完成采集、录入、审核、发布等一系列流程。这些内容代表了官方，从文字、标题、图片、排版等方面，均体现了极高的专业性。随后的一段时间，各类媒体、企事业单位、民间团体纷纷建立自己的官方网站，这些官网上所有内容，也都是专业生产。

后来，随着论坛、博客，以及移动互联网的兴起，内容的生产开始进入UGC时代，UGC就是指用户生成内容，即用户将自己原创的内容通过互联网平台进行展示或者提供给其他用户。微博的兴起降低了用户表达文字的门槛；智能手机的普及让更多普通人也能创作图片、视频等数字内容，并分享到社交平台上；而移动网络的进一步提速，4G以及5G时代的到来，更是让普通人也能进行实时直播。UGC内容不仅数量庞大，种类、形式也越来越繁多，推荐算法的应用更是让消费者迅速找到满足自己个性化需求的UGC内容。

UGC时代里，特别值得一提的，就是短视频的崛起。不过，在短视频崛起之前，人们还曾经历过一段长视频统治的时间。

具体来看，2005年，YouTube的成立让UGC的概念开始向全球辐射。同年，一部名为《一个馒头引发的血案》在中国互联网爆红，下载量甚至一度击败了同年上映的电影《无极》。此后，随着优酷、土豆、搜狐视频等平台力推，一系列知名导演、演员以及大量草根拍客也加入微电影大军，无数网友也拿起DV、手机开始拍摄、制作。长视频网站和UGC生态开始在互联网上开疆拓土。但在当时，很多人没有想过，随着移动智能终端的革命性进步，以短视频为核心的UGC和直播，会最终变身一个庞大的新兴产业，延伸出无数链条。

纵观短视频的崛起历程，一方面是因为技术的进步降低了短视频生产的门槛，在这样的背景下，由于消费者的基数远比已有内容生产者庞大，让大量的内容消费者参与到短视频内容生产中，毫无疑问能大大释放内容生产力。另一方面，理论上，消费者们本身作为内容的使用对象，最了解自己群体内对于内容的特殊需求，将短视频内容生产的环节交给消费者，能最大程度地满足内容个性化的需求。

今天，已经无人能否认，短视频和直播是当下这个时代最流行的传播载体，人们已经习惯用短视频来记录自己各式各样的生活。不仅如此，在内容社区的基础上，短视频平台还嫁接了产品和服务，介入交易环节，形成商业生态，并且让商业生态去反哺内容生态。而在短视频产业链中，上游主要包括了UGC、PGC在内的大量内容创作者，此部分是整个短视频产业链条的核心，而MCN机构作为广告主和内容创作者之间的桥梁，可以大大加强其变现能力；下游则主要包括了短视频平台和其他分发渠道，其中短视频平台是短视频内容最主要的生产位置，之后在平台内外进行多渠道分发。

短视频崛起的这几年来，短视频平台也经历了商业模式、产业结构的重构，如今，短视频平台已经成为一种基础设施，把用户带入数字经济时代。而短视频平台们，不管是抖音、快手还是Tiktok的商业化收入、电商GMV都在高速增长。

4.2.2　Sora 冲击下的短视频行业

不管短视频如何发展，对于短视频行业来说，内容制造都是其最关键、最重要的环节。而现在，这一环节，就快被Sora颠覆了。

毕竟，相比于传统影视或者是长视频，短视频最大的特点，就是"短"和"时效"，这也是Sora最大的优势之一。

和当前市面上的其他AIGC视频工具不同，市面上主流产品大部分只能生成4秒，Runway Gen-2也只能到18秒，但Sora却可以生成长达 1 分钟的视频，同时保持视觉质量并遵守用户的提示，这对于满足短视频平台的内容需求非常有利。要知道，当前大多数的短视频，时长也不过几十秒或者短短的一两分钟。OpenAI 官方号进驻 TikTok 发布 Sora 视频一周时间就已获超 14 万粉丝，获赞近百万。A16z 合伙人看了这些由 Sora 生成的视频称，如果它们出现在信息流里中，绝对分不出真假。更重要的是，未来 Sora 生成的视频会变得更真实、效果更好。也就是说，只要根据指令，Sora 就能轻松生成一条短视频。无论是要做一只蚊子从地球飞到火星的视频，还是做出潜水艇在人类血管里航行的科幻画面，都仅仅需要一句指令而已。并且，Sora 还能够生成具有多个角色、特定类型的运动，以及主体和背景的准确细节的复杂场景。因为 Sora 不仅了解用户在提示中提出的要求，还了解这些东西在物理世界中的存在方式。Sora 还可以在单个生成的视频中创建多个镜头，准确地保留角色和视觉风格。

这也意味着，短视频的创制门槛将会进一步被降低。即使创作者没有短视频内容制作技能，只要有想法有创意，就能够通过 Sora 轻松创建视听内容，有调性的创作者还可以在此基础上进行修改，使之更符合自己的风格，达到事半功倍的理想效果。这样一来，整个短视频行业对摄影师、后期制作岗位的需求，也将会大量减少。未来，科技类媒体的科普视频、生活类媒体的小贴士视频、商业类媒体的解读类视频等类搬运剪辑、素材整合与资料归纳类视频，基本上都可以由 Sora 来完成操作。

可以说，虽然 Sora 也有潜力应用于长视频制作，但长视频的制作周期、成本和复杂度都要几何级高于短视频。并且目前最大的制约与挑战则依然来自算力的限制。因此，从技术和市场适应性角度来看，Sora在短视频领域的应用将更加直接和有效。可以预见，一旦Sora像ChatGPT一样被放开应用，短视频的产量会迎来一次大爆发。

而Sora也会对现在的短视频行业带来一场风暴，如果短视频的从业者缺少创意或者没有特色，将很难应对这股浪潮。一方面，尽管Sora能够自动化许多制作过程，但优质内容的创作仍需要人类的创造力和想象力。另一方面，技术的进步必然导致市场竞争的加剧，那些缺乏创意或者没有独特特色的从业者将很难在激烈的竞争中脱颖而出。

此外，从商业模式与盈利潜力看，短视频平台通常具有更为多样化的商业模式和盈利潜力，如广告植入、直播带货、付费观看等。Sora如果能够与这些商业模式相结合，将会为短视频平台带来更多的商业机会和盈利空间。比如，Sora可以帮助平台生产更多吸引人的短视频内容，从而吸引更多的用户和广告主，进而增加平台的盈利能力。此外，Sora还可以通过提供定制化的视频内容，满足用户个性化的需求，从而提高用户留存和付费观看的意愿。

可以说，Sora的诞生，标志着 AIGC 短视频生成时代的正式到来。尽管 Sora 给传统的短视频生产者们带来了挑战，但与此同时，这也是一个激发更多人创作力的时代。在这个多模态大模型的引领下，我们有望看到短视频行业的深刻变革，让我们拭目以待。

4.3 Sora 如何改变广告营销？

Sora 掀起的轩然大波对广告营销领域也产生了巨大的影响。对于品牌来说，尽管过去一年 AIGC 的发展已经改变了部分内容创作的工作流程，但对于视频广告创意来说依旧是一大难题，而且占据不少成本。而 Sora 作为一种新的内容生产工具，为广告商和营销人员提供了一种全新的创作方式，有望大幅降低视频广告成本，打破过去存在于"创意"到"落地"中间固有的很多壁垒。

4.3.1 大幅降低视频广告成本

作为视频生成的超级工具，Sora 的出现最直接冲击的就是整个视频领域——不管是传统影视，还是近年来才崛起的短视频，又或者是广告营销行业的视频广告。对于营销行业来说，Sora 能够让视频广告制作的门槛大大下降，成本降低，周期加快。

举个例子，大部分的汽车广告，都是一辆车在路上行驶的画面，只不过有些车行驶在崇山峻岭，有些车行驶在沙漠里，有些车在爬坡，有些车在过河。但就是这样 1 分钟左右的视频，传统广告公司报价也基本都在百万元级别，因为这需要一大波人开去深山，再跟车摄像，并用上无人机进行场景拍摄等。尽管汽车广告拍摄的报价有百万元，但这其中，大部分都是拍摄费用，而不是创意费用。

Sora却完全可以省下这百万元级别的拍摄费用。在OpenAI官方更新的示例中，有一个视频就是一辆老式SUV行驶在盘山公路上（图5）。

图5　一辆老式SUV行驶在盘山公路上

而生成这样一个视频只需要输入相关的指令和提示词："镜头跟随一辆带有黑色车顶行李架的白色老式SUV，它在一条被松树环绕的陡峭土路上加速行驶，轮胎扬起灰尘，阳光照射在SUV上，给整个场景投射出温暖的光芒。土路蜿蜒延伸至远方，看不到其他车辆。道路两旁都是红杉树，零星散落着一片片绿意。从后面看，这辆车轻松地沿着曲线行驶，看起来就像是在崎岖的地形上行驶。土路周围是陡峭的丘陵和山脉，上面是清澈的蓝天和缕缕云彩。"基于这一提示词，Sora就能生成一个极其逼近现实场景，从细节到画面，都非常精致，甚至让人分不出到底是AI生成还是实拍的1分钟视频。

当然，不仅仅是汽车广告，还有美食广告、酒店广告以及旅游景点的推荐视频，这种并不需要复杂情节的广告作品，Sora都可以直接生成。

事实上，近年来，为了降本增效，视频广告已经有了很多变化，也融合了许多科学技术，其中最具代表的就是超现实创意短片。2023年4月，法国设计师品牌Jacquemus在其官方社媒账号上发布了一则创意视频，品牌经典款Le Bambino包袋被装上车轮化身"巨型巴士"，在巴黎街头展开巡游。包内还可以窥见乘客，马路上亦印有"Bambino"和"Jacquemus"等字样（图6）。

这支由动画兼视频制作工作室Origiful创作的短片被搬运至

图6　Jacquemus品牌创意视频

微信视频号也获得了超3.8万的点赞量，而该工作室在2023年3月为美宝莲品牌打造的伦敦地铁"刷"睫毛膏视频，同样因动感趣味的特效刷屏国内外社交媒体。

当然，这些场景并非真实存在，而是一种被称作FOOH（faux-out-of-home）的"伪户外广告"——某个时尚单品经过CGI等技术处理，通常以夸张变形、放大的特效出现在人们熟悉的生活场景中，模糊了虚拟与现实的边界。由于超现实技术能针对产品进行现实中无法实现的变形处理，许多品牌开始选择将这种创意形式用于新品宣传，且在从城市场景选择方面，多为"北上广"和成都，如兰蔻情人节限定唇膏嵌入上海武康大楼、范思哲迷宫包降落广州沙面等。

除了具有创意性，超现实户外广告得以流行的另一个重要原因，在于制作周期相对短，且更具成本效益。成立于上海和广州的本土数字艺术与未来科技创新工作室flashFLASH双闪的主理人之一楚冰表示，从创意到拍摄、实景追踪、CGI制作以及最后合成输出，一条10~15秒创意短片顺利的情况下，完整周期在3~4周——这其实也是超现实户外广告的核心优势之一，即以更省时省钱的方式打造脑洞大开的画面。

但即便如此，具备连续稳定、多镜头和高画质等多项优点的Sora模型，依然对这种短时间内产出突破物理限制的创意模式发起了进一步挑战。

可以说，对于现在的广告公司来说，Sora的影响不仅仅是降本增效、压缩成本这么简单，更意味着传统广告公司从组织模式到商业模式，都会得到重构。组织模式方面，传统的广告制作过程通常涉及到广告创意、剧本撰写、拍摄制作、后期编辑等诸多环节，需要大量的人力和时间投入。而有了 Sora 等 AIGC 技术，其中的许多环节都可以被自动化或部分自动化，大大减少了人力资源的需求。商业模式方面，随着人工智能技术的普及，广告作品的制作成本将大幅下降，这意味着，广告公司需要重新定价并提供更具竞争力的服务，比如提供与人工智能技术相关的增值服务，如数据分析、智能营销策略等，从而进一步提升盈利能力。

不仅如此，Sora 还会促使个性化广告的兴起。一方面，根据 Sora 团队公布的所有生成视频作品，我们能看到 Sora 无比广阔的应用前景。比如在个人层面，Sora 可以快速创建个性化的故事、家庭录像，甚至是基于想象的概念可视化。这意味着，Sora 可以释放不同需求下的创作需求，折射到品牌营销上，Sora 有望帮助品牌做到更精细化的用户营销，这也是整个营销行业的大趋势。另一方面，营销成本的降低给了市场部花小钱办大事的可能。在预算有限的情况下，原本只能制作一条视频的钱可以用来生成制作多条视频。这就意味着可以为不同的客户画像创作出针对性的广告内容，从而进一步提高广告的吸引力与投放转化率。

Sora 也让视频广告快速迭代成为可能。营销团队可以在短时间内制作多个版本的广告，进行 A/B test，找出最有效的广告元素，如呈现方式、视觉风格或叙事节奏等，从而优化广告效果。

凭借强大的创作能力和极其广泛的应用范围，Sora 还有望成为电商的运营利器，从广告营销的角度，电商的宣传更加标准化。比如，Sora可以根据产品及场景的简单文字描写生成逼真流畅的视频。这种生动直观的视觉呈现，不仅比文字与图片更能吸引用户的眼球，还能增加产品页面的说服力，同时节省人工成本和制作周期。此外，Sora可以自动生成步骤分明的产品使用演示视频，还可以根据不同使用场景生成不同的视频。

2024年2月，亚马逊官方宣布了其平台帖子工具的最新更新，推出了一个短视频功能，允许用户在帖子中发布时长不超过60秒、9∶16竖版比例的短视频，并附带一个简短标题，视频中展示的商品会持续显示在画面底部。这项功能推出后，亚马逊的卖家们就能够通过发布更多的视频帖子来向消费者传达更丰富的信息，进而塑造和加强品牌形象。如果Sora开放给用户，大量亚马逊卖家必定会基于Sora生成视频，来抢夺这一新流量入口。

可以预见，通过Sora，广告营销将迎来更加高效、个性化新时代，为传递品牌内容，加强消费者沟通开辟新的可能性。

很显然，Sora的出现将会对广告营销行业带来巨大的冲击与挑战，缺乏独特创意的广告策划公司将会受到Sora的挑战，不论是基于视频类的广告，还是基于图片类的广告创作，Sora都将以更低的成本、更高的效率、更低的门槛对广告营销行业带来挑战。

4.3.2 创意是广告业的未来

从Sora的技术逻辑来看，许多工作都可以由它完成。尽管目前Sora仍然有明显缺点，包括没有对话，也无法形成文字，以及会出现一些违背物理定律的情况。比如老奶奶吹蜡烛但火焰纹丝未动，再比如明明是杯子碎掉，但果汁却先溢出了。但不久后，这些问题或许都将被技术的更迭解决，重要的是，我们需要注意到，Sora已经表现出了拥有改变视频广告的生产方式。

目前，对于品牌而言，TVC广告、短视频信息流广告依然是与公众沟通的重要方式，而这一关键工作将被Sora改变。过去，品牌生产视频面临周期长、成本高等问题，而现在，品牌能够更轻松地讲故事。在这样的背景下，怎么讲故事，讲什么故事，就成了广告营销的核心。简言之，创意本身的价值仍然不可替代，未来，对于广告营销来说，创意性只会越来越重要。

而如何在好创意的基础上，能借助AI技术去实现过去难以实现的想法，或者需要更高代价才能实现的想法，将成为未来广告营销的重要方向。毕竟，Sora生成的内容虽然在效率和成本方面有优势，但可能更注重创新和视觉效果，而缺少某些人类独有的创造力和细腻情感，而只有通过情感共鸣和个性化传达品牌形象，才有可能达到真正理想的营销效果。

此外，广告营销往往涉及用户洞察、传播策略、创意实现、媒介投放、执行到CRM、数据与技术等多个方面，需要综合运用内容营销管理、市场分析工具、CRM软件、程序化原生广告、营销数据管理平台、需求方平台DSP等多种工具。如何在这些环节的基础上，深入洞察用户、分析企业与品牌方需求，再反复打磨创意并通过Sora来进行呈现，也是未来广告营销的新变化和新挑战。

可以说，Sora降低了做视频的门槛，但本质上对于人们的创造模式和创意方式并没有根本性改变，创意依然是广告业的过去、现在和未来，尤其是在AIGC的加持之下，只有足够优秀的内容才能够享受时代的红利。

4.4　游戏变革迎来Sora时刻

Sora掀起了各行各业的"巨震"，游戏行业也不例外。目前从OpenAI官方放出的几十个示例视频来看，Sora生成的视频已经达到了难辨真假的程度——只要给出明确的关键词，它就能生成高质量、风格各异的特定视频，并且操作简便，功能强大，为游戏的制作和展示提供了全新的可能性。

4.4.1　AIGC拉开游戏变革序幕

今天，AIGC与游戏的结合正日益密切，对于AIGC的应用来说，游戏也是不能忽视的重要领域。事实上，早在Sora发布之前，游戏领域就已经有许多关于AIGC应用的实践。

比如，英伟达的Audio to Face技术，简单地说，只要通过录制语音音轨，就能生成活灵活现的面部动画，而这项基于人工智能的技术已经被广泛应用于游戏开发中。还有英伟达的DLSS 3.5，采用了光线重建技术，同样属于一种AI模型，能为游戏带来更优秀的帧率、画面以及光线效果，《赛博朋克2077》《心灵杀手2》等多款作品都已经应用了这项技术。

在2023年，英伟达还宣布推出了Avatar Cloud Engine
（ACE）for Games，该技术为游戏制作者提供了一种定制AI模型
的代工服务，以构建、部署以及植入在云端和个人电脑上运行的
定制化语音、对话和动画AI模型。在中国台湾的Computex 2023
展会上，英伟达展示了一款名为Kairos的游戏demo，Kairos
利用英伟达推出的ACE for Games解决方案，使得非玩家角色
（NPC）具备了智能和反应能力。在一个赛博朋克风格的拉面店
场景中，玩家可以通过语音输入与NPC角色对话。这个NPC角
色名为Jin，它就是通过AIGC实时生成回答，同时具备逼真的
面部动画和声音，与玩家的语气和背景故事相符。英伟达认为，
AIGC有潜力彻底改变玩家与游戏角色的交互方式，提高游戏的
沉浸感。

除了英伟达的AIGC技术外，在游戏领域应用的AIGC还有
Instruct NeRF2NeRF、虚幻5引擎（UE5）、腾讯AI Lab等AI 3D
生成工具。Instruct NeRF2NeRF可根据文本指令生成3D模型。
NeRF即为神经辐射场，常用于将2D图像合成为3D模型。2023
年，来自加利福尼亚大学伯克利分校的研究人员基于文本引导扩
散模型Instruct Pix2Pix并叠加NeRF模型进行训练，最终推出了
全新的3D场景算法Instruct NeRF2NeRF，该工具能够依托已经
收集的图像集，根据文本指令直接构建或优化相应3D场景。

虚幻5引擎提供了快速3D面部建模功能。2023年3月，Epic
Games在2023年游戏开发者大会（Game Developers Conference，
GDC）中发布了虚幻引擎5.2预览版本，推出新版MetaHuman

Animator功能，在该功能下，仅需一台手机就可以实现3D面部建模。建模过程十分简便，用户通过手机录制面部视频，上传至Live Link Face应用程序捕获面部动态，MetaHuman Animator就可以使用视频和Dev数据将其转换为高保真度的动画。实际上，在完成面部捕捉之后，仅需要3帧视频就可以完成3D面部建模，且能在短暂的几分钟内完成全流程。

腾讯AI Lab实现了通过AI技术完整生成3D虚拟城市。根据腾讯AI实验室在2023年GDC大会发表的题为 *AI Enhanced Procedural City Generation* 的演讲，AIGC技术已应用于大规模3D游戏内容制作，开发团队提出了自研的3D虚拟场景自动生成解决方案，并运用该方案从零制作一座3D虚拟城市，能够实现多样化建筑外观生成、室内映射生成等能力。该方案可进一步帮助游戏开发者实现更低成本、高效的游戏内容制作，提升3D虚拟场景的生产效率并缩短游戏开发周期。此外，腾讯还运用AI进行游戏平衡性测试、游戏新手教学、关卡生成等。

AIGC的崛起为游戏体验带来了革命性的变革，不仅丰富了游戏内容，还深刻影响了游戏交互。通过AIGC技术，游戏可以更好地理解玩家输入的自由文本指令，而不仅仅是预定义的选项，也就是说，我们可以通过直接输入文字描述来与游戏角色或环境进行更自然、更灵活的交互。比如，在冒险游戏中，过去，我们可能只能选择"打开宝箱"，或者"跳过"，但现在，基于大语言模型，我们就能实现"与村民交谈"，而不是从有限的选项中进行选择。并且，大语言模型还可以创建更为自然、更具趣味性的游戏对话。游戏中的角色可以根据玩家输入的文本内容生成更为自然、有深度的回应。这使与游戏角色的互动更加真实、有趣，进一步提高游戏的沉浸感。

另外，AIGC还可以根据不同的玩家来定制不同的游戏内容，实现个性化的游戏互动。比如，在解密游戏中，AIGC可以根据玩家的输入生成全新的谜题和挑战。这意味着，每个玩家在游戏中遇到的谜题和挑战都可能是独一无二的，从而增加了游戏的可玩性和挑战性。AIGC还可以根据玩家的行为和喜好生成个性化的任务和目标，这种任务系统不仅可以根据玩家的能力和兴趣调整任务难度，还可以根据玩家的游戏进度生成新的任务，从而使游戏的挑战性和趣味性得到持续提升。AIGC甚至还能够通过分析玩家的行为和偏好来预测玩家的需求和期望。这样的预测可以用于改进游戏设计，例如调整游戏难度、优化游戏界面或者生成更符合玩家喜好的游戏内容。通过对玩家行为的深入分析，AIGC可以使游戏更加贴近玩家的需求，提供更好的游戏体验。

4.4.2　Sora会颠覆游戏吗？

如果说GPT、AI语音生成、AI 3D生成等AIGC工具拉开了游戏变革序幕，那么Sora的加持，则让AI视频模型在游戏开发技术上的应用更加广泛。

在OpenAI发布的示例视频中，最受游戏从业者关注的示例视频可能就是模仿《我的世界》（*Minecraft*）游戏风格的视频。OpenAI向Sora提供了"Minecraft"一词的提示后，它就能以高保真的方式渲染出与该游戏极其相似的游戏场景，同时还可以模拟玩家操作游戏角色，生成HUD，实现物理反馈。OpenAI认为，Sora的这种能够完整模拟游戏世界的能力，表明视频生成AI的发展正在朝着能够高度仿真物理和数字世界，以及其中的动物和人等对象的方向迈进。

可以说，Sora对游戏产业的提升近乎是革命性的。Future HouseSF联合创始人安德鲁·怀特（Andrew White）认为，Sora将会能模拟整个《我的世界》游戏，乃至下一代主机就会出现Sora box的身影。

当然，Sora正式发布后，带来首要影响的，一定是游戏开发成本的降低。传统的游戏开发过程通常需要耗费大量的时间、人力和金钱来创建、测试和优化游戏元素，比如，游戏开发人员需要花费大量的时间和精力来手动绘制和设计游戏场景和角色动画，在游戏开发过程中，还经常需要对游戏内容进行调整和优化，以满足玩家的需求和市场的变化。而使用Sora模型，开发者可以更加高效地创建、编辑和调整游戏内容，以及快速生成各种精美的游戏场景和角色动画，从而大大缩短了游戏开发的周期，并提高了制作游戏的灵活性和创造力。

如今，人工智能已经近乎能接管整个游戏开发的流程：文本有GPT、语音有VITS合成，再加上未来的Sora，一些小型游戏的开发成本可能会被压缩至相当低的程度。尽管如今的AI技术尚显青涩，但"从0到1"的鸿沟已被跨越，距离真正的质变只是时间问题。

对游戏从业者而言，Sora的出现无疑也加剧了形势的不确定性。一方面，游戏开发本身就是一个技术密集型和创意密集型的行业，传统上需要大量的人力和时间来完成各种任务，包括场景设计、角色建模、动画制作等。而有了Sora这样的人工智能工具，可以快速生成各种游戏内容，使得部分工作可以自动化或者减少人力投入。这引发了一些游戏从业者的担忧，担心自己的工作可能会被人工智能所取代，导致就业机会减少或者工作压力增加。如何面对与合理利用Sora，可能又会成为游戏从业者亟待学习的问题。

另一方面，对于一些小型厂商或者独立游戏开发者来说，Sora的出现或许成了缓解游戏开发成本压力的一根救命稻草。近年来，游戏开发成本不断攀升，导致许多项目因资金链断裂而夭折，很多好的游戏创意也因为成本问题无法实现。在这种情况下，Sora可以承担一部分原本需要高技术水平或者重复劳动的工作，大大减少了制作游戏所需的时间和人力成本。这使得小型厂商和独立开发者有更多的机会将精力集中在游戏的核心竞争力上，提高游戏质量和创意水平。

从GPT到Sora，随着AI技术的不断演进，可以肯定的是，AI对游戏行业带来的效用远不止于降本增效或辅助设计、宣传的"生产力工具"，AI将逐渐走进游戏开发的核心流程中，成为新的"游戏引擎"，并推动游戏行业朝着更加智能化、个性化和社交化的方向发展。

4.5　将"可视化"带入医疗

随着人工智能时代的到来，人工智能技术已经被逐渐应用到医疗领域，包括辅助诊断、影像诊断、个性化治疗等。当前，人工智能技术还在不断创新和进步，继ChatGPT后，OpenAI发布的Sora使得人工智能再次成为医疗行业关注的焦点。展望未来，基于Sora强大的视频生成能力，无论是医学教育，还是医患交互等领域，都将迎来前所未有的机遇和变革。

4.5.1　可视化医疗的到来

对于医疗行业来说，Sora带最大的影响就在于将"可视化"带进了医疗行业。

就严肃和严谨的医疗行业而言，"可视化"一直是个难题。事实上，一直以来，医疗领域都在探索各种方式来处理和展示医学数据，因为这些数据对于医生做出准确诊断、制订有效治疗方案以及向患者传达信息至关重要。传统的方式往往依赖于静态图像、文字描述或者简单的图表，然而，这些形式有时无法充分表达复杂的医学信息，也不够直观。而Sora作为一个文本到视频的生成工具，提供了一种新的途径来实现医学数据的可视化，为医疗行业带来了新的可能性。

Sora能够将医学数据转化为直观的视频内容，使得医学图像、检测结果、病理学数据等变得更加易于理解。过去，医生往往需要通过静态的医学图像、检测结果和病理学数据来理解患者的病情和健康状态。然而，这些静态的图像和文本往往无法完全展现出疾病的发展过程和变化趋势，而且对于非专业人士来说，理解起来也有一定的难度。但有了 Sora，医学数据可以以动态的、生动的视频形式呈现，医生可以更直观地观察病变、疾病发展的过程，从而更准确地进行诊断和治疗。医生可以利用 Sora 生成的视频来展示病人的医学影像，比如 CT 扫描结果或 MRI 图像，以及病变的位置、形态和严重程度。通过动态的视频展示，医生可以更清晰地观察病变的发展过程，了解疾病的特点和变化趋势，从而更准确地做出诊断和制订治疗方案。

Sora 的可视化能力也为医学教育提供了新的途径。在医学教育中，传统的教学方法主要侧重于课堂讲解、实验室实践和临床实习，但这些方法往往受到时间和资源的限制，无法满足学生对于实际操作和场景模拟的需求。而 Sora 的出现为医学教育带来了全新的学习方式和工具。

医学教育者可以利用 Sora 生成各种场景的视频，帮助医学生模拟临床操作、手术技能或急救过程。通过观看这些视频，学生可以直观地了解医学操作的步骤和技巧，从而提高他们的临床技能和操作能力。比如，医学教育者可以利用 Sora 生成的视频来模拟心脏手术过程，展示手术步骤、器械使用和术后护理等内容，使学生能够在虚拟环境中体验和学习手术操作的技巧。

Sora 的可视化能力还可以帮助医学生更深入地理解医学知识。通过观看生动直观的视频内容，学生可以更直观地了解人体解剖、疾病发生机制、药物作用原理等医学概念，从而加深对医学知识的理解和记忆。例如，医学教育者可以利用Sora生成的视频来展示细胞分裂的过程、病理组织的变化以及药物在体内的作用过程，帮助学生理解这些抽象概念和复杂过程。

此外，Sora也为医学生提供更多的实践机会和场景模拟。通过观看和参与Sora生成的虚拟场景，学生可以在安全环境下练习临床技能、诊断病例和制定治疗方案，从而增强他们的应对能力和实践经验。

可以说，作为一个可视化工具，Sora不仅提高了医学数据的理解和传达效果，还促进了医学教育的创新。随着技术的不断发展和应用的深入，Sora在医疗领域的作用将会越来越大，为医学诊断、临床实践带来更多的机遇和挑战。

4.5.2　让健康触手可及

除了辅助医生诊断，改变医学教育外，Sora还有望成为医患沟通的强大工具。通常来说，医生需要向患者解释复杂的医学信息，包括疾病的诊断、治疗方案以及预后情况。但这些医学信息通常充满了专业术语和抽象概念，对于非专业人士来说很难理解。在这种情况下，Sora的可视化能力发挥了重要作用。

基于Sora的强大功能，医生就可以为患者定制专属视频。通过生动的画面和简明的语言，详细解释治疗方案和用药计划，甚至提前揭示预期的副作用，让信息传递更加直观和高效，帮助患者理解他们的治疗选择，大大提高患者的理解和依从性，减轻他们的焦虑。

举个例子，如果有一位患者被诊断患有心脏疾病，并需要接受心脏导管手术。在这种情况下，医生可以利用Sora生成一段视频，详细解释手术的过程和相关信息。视频可以从患者心脏的三维模型开始，基于Sora创建一个精确的心脏模型，并将其显示在屏幕上。然后，医生就可以通过视频向患者展示手术的整个过程，包括手术前的准备、麻醉过程、导管插入的步骤、手术中的观察和操作以及术后的恢复情况。这样一来，患者可以直观地了解手术的具体步骤和过程，包括医生在手术中的操作方式、使用的器械和设备等。医生可以通过视频解释手术的风险和可能的并发症，以及术后的护理和康复计划。视频还可以展示手术的预期效果和可能的治疗效果，帮助患者理解手术的目的和重要性。

通过观看这段视频，患者可以更清楚地了解自己即将接受的手术，并对手术过程和可能的风险有一个更准确的认识。视频的直观性和生动性使得医学信息更易于被理解和接受，有助于患者消除对手术的恐惧和焦虑，增强对治疗的信心和合作意愿。这种个性化的沟通方式有助于建立医生和患者之间的良好关系，提高治疗的效果和患者的满意度。

再如，在今天，如果我们要进行医美，医生往往是通过口头描述或静态图片向患者展示术后效果，但这种方式往往不够直观和生动，容易造成不透彻的理解甚至误解。而利用Sora生成的视频内容，可以提供更加直观、生动和真实的术后效果展示，从而实现医患之间的充分沟通。通过视频，寻求医美的患者就可以清楚地看到自己术后的效果，包括面部轮廓的变化、皮肤质地的改善等，与传统的静态图片相比，视频更能够展现出术后效果的立体感和真实感。并且，利用 Sora 生成的视频内容还能够提供更个性化的术后效果展示，视频可以根据患者的实际情况和需求进行定制，包括面部特征、皮肤类型等因素，从而更贴近患者的实际情况，增强患者的参与感和满意度。

此外，Sora 的出现也为每个人获得健康信息带来了革命性的改变。在寻求健康知识的道路上，每个人都应该享有平等的权利，而 Sora 以其独特的方式，为每一个需要的人提供了清晰的健康指引。无论是身处何方，无论个人的背景如何，Sora 都能够为用户提供定制化的健康视频，还可以提供多种语言版本，以满足不同用户的需求——无论用户是否具有身体残疾或面临语言障碍，Sora 都能够为他们提供易于理解和应用的健康知识。

举个例子，有一位聋哑患者需要了解关于糖尿病管理的信息。传统上，这位患者可能会面临语言障碍，无法理解书面文字资料或医生口头讲解。然而，有了 Sora 技术，医学专家可以生成适用于聋哑人群的健康视频，配有手语翻译和字幕，使得患者能够直观地了解糖尿病的管理方法和预防措施。

未来，通过 Sora 技术，健康信息变得触手可及，每个人都能够平等地享受到健康关怀。无障碍的信息传递不仅能够增强个体的健康意识和自我管理能力，还能够促进整个社会的健康水平提升。

4.6 重塑设计行业

随着Sora的惊艳亮相，设计领域迎来了前所未有的技术革命。作为OpenAI继GPT和DALL·E之后的又一项创新成果，Sora凭借其独特的文本到视频转换能力，已经成为AI技术发展的一个重要里程碑，这不仅体现了AI技术在理解和生成复杂媒体内容方面的进步，更是对整个设计行业的重新塑造。

4.6.1 AIGC席卷设计行业

事实上，在2023年经历了GPT、Midjourney等一系列AIGC技术的轰炸后，设计行业已经有了地覆天翻的变化。

如今，GPT已经成为了许多设计师的必备工具——GPT可以协助设计师更快速地完成设计任务，同时还能够提高设计的质量。比如，通过与GPT进行对话，设计师可以获取灵感、获取设计建议、获得有关用户行为和用户需求的见解。

特别是在UX/UI设计过程中，使用GPT的一个关键优势，就是它能帮助生成文案和内容。这可以极大地提高设计师的效率和生产力，为更具战略性和创造性的工作腾出时间。

比如，过去，想要创建引人入胜且准确的产品描述可能都需要耗费大量时间和精力。但不管是ChatGPT还是GPT-4都可以针对产品描述、关键特点和优势进行训练，并用于为新产品生成产品描述。此外，GPT还可以用于生成标题、标签和其他UI元素，确保它们清晰、简明并与整体设计风格保持一致，并根据各种设计原则和最佳实践进行训练，以便提供建议，帮助设计师做出明智的设计决策。

当然，使用GPT来生成描述还只是AIGC在设计行业最基础的用法，对于设计行业来说，AIGC更进一步的应用则是在GPT的基础上再搭配Midjourney、DALL·E等图像生成AI工具进行图像生成。设计行业在融入了文生图的功能之后，设计的流程得以进一步简化，这不仅极大地提高了设计效率，也降低了设计门槛，甚至对整个设计行业都造成了冲击。

以GPT搭配Midjourney为例，这其实就是一个典型的"GPT+效应"的例子，简单来说，就是GPT模型和其他人工智能程序的组合拳。

GPT是一种自然语言处理工具，通过输入一段话，GPT就可以自动生成有逻辑、有意义的文本内容，从而帮助设计师快速生成表达设计方案、设计创意的语言文本，同时减少繁琐的语言表达工作。Midjourney则是一款基于AI技术的设计辅助工具，它可以帮助设计师迅速获取灵感和思路，并通过对设计元素、风格、颜色等的自动分析和推荐，帮助设计师更快速地生成大量的意向图、效果图，大大提高前期设计效率和质量。而GPT和Midjourney的结合使用可以大大节约设计师的时间成本。设计师可以利用GPT生成大量的设计方案和创意，然后通过Midjourney进行筛选和优化，最终完成高质量的设计。

在2023年，整个设计行业都面临着来自于AI的挑战，尤其是一些游戏公司，不论是从程序员还是原画师，GPT搭载着各种

AI设计软件，引发了大裁员。GPT和Midjourney的结合使用已经能达到一个中级原画师的水平，AI绘画至少可以帮助画师完成前期一半以上的工作。在过去，人类为了掌握这样的一种绘画技能，至少需要十几年专业的美术训练，需要付出大量的时间与金钱，不断地学习与练习，才能获得专业绘画的技能，但如今却正在被AI绘画轻而易举的取代。

GPT和Midjourney的结合不仅速度快，几分钟就可以产生大量的创意和方案，而且输出的文本和图像质量高，能够满足大部分使用需求，并且，GPT和Midjourney的操作也非常简单，无须专业技能就可以使用。事实上，在2023年，基于GPT和Midjourney的结合，网络上也诞生了许多"神图"，比如穿越到苏联工厂的马斯克、看海棠的学妹，还有中国版的赫本等。

可以说，GPT和Midjourney的结合，为设计师提供了前所未有的智能工具，帮助设计师来更好地了解用户需求、优化用户体验、生成设计灵感、寻找设计资源、编写研究提纲，极大地改变了设计行业的工作方式和工作效率，也为设计师们带来更多的创作灵感和创新可能性。

4.6.2 Sora冲击设计行业

如果说GPT、Midjourney、DALL·E等AIGC工具改变了设计行业的工作方式和工作效率，在设计灵感获取、设计迭代和修改、设计评估和反馈等方面提供了更全面和智能的支持，那么Sora则是在这些改变之外进一步创新了设计表达。

对于设计师来说，将想法转化为可视化的图像或模型往往是时间消耗最大的一环。在传统设计中，设计师们往往需要用3D建模软件，比如3ds Max和SketchUp来表达自己的想法，Sora的使用可以大幅度提高这一过程的效率。设计师无须花费大量时间在软件操作和渲染上，而是可以将更多的精力投入设计本身。这种效率的提升不仅能够加快项目的推进速度，也为设计师提供了更多的时间来提升设计的质量和创新性。

比如，一位室内设计师只需要通过简单的文本描述，就能让Sora生成具体的室内空间视频，这不仅加速了从概念到可视化的过程，也为设计师提供了一个探索和实验不同设计方案的平台。Sora可以生成各种不同风格、不同主题的视频，为设计师们提供了更多的创作灵感和参考。设计师们可以通过Sora技术生成的视频，了解不同的设计风格和表现手法，从而拓展自己的创作思路。这种创新的表达方式能够激发设计师的创造力，帮助他们超越传统的设计边界。

简单来说，Sora让设计师能够更快速地将想法转化为视觉呈现，这意味着设计师可以更灵活地表达他们的创意，更快速地探索不同的设计方案，从而提高设计的效率和质量。

特别是Sora还能够生成具有精细复杂场景、生动角色表情和复杂镜头运动的视频内容，这为设计师提供了更多的设计元素和可能性。在产品涉及领域，设计师就可以利用Sora快速生成多样化的产品演示视频，展示产品的功能和特点。比如，假设设计师需要展示一款新型智能手表的功能和操作界面，他们可以通过

Sora生成一个生动的演示视频，展示手表在不同场景下的使用情况、操作界面的交互效果等。这样的演示视频不仅能够吸引用户的注意，还能够帮助用户更好地了解产品的特点和优势，从而提高产品的认知度和用户体验。

Sora还可以成为设计师提供修复和完善设计作品的工具。在设计过程中，有时会出现一些细节缺失或需要进一步完善的情况，而Sora的出现可以帮助设计师快速填补这些缺失。举个例子，在动画制作过程中，可能会出现某些镜头的过渡不够流畅或者某些细节的缺失，设计师可以利用Sora生成相应的动画帧，修复或完善这些细节，从而提升动画的质量和完整性。这种修复和完善的过程可以极大地节省设计师的时间和精力，同时也提高了设计作品的整体效果和品质。

从客户的角度来看，根据设计师的指令快速生成设计的视频展示，Sora也为客户提供了一种更加直观和生动的体验方式。相比于静态的图像或平面图，视频能够更好地展示空间的流动性、功能性以及设计的细节，帮助客户更加准确地理解和感受设计师的构想。这种改善的客户体验不仅有助于增强客户的信任和满意度，也能够促进设计师与客户之间的沟通和理解。

可以说，Sora的诞生，标志着设计行业进入了一个新的纪元。Sora不仅拓展了设计师的创意想象力，提高了设计的效率和质量，还进一步创新了设计表达，从而推动了设计行业的发展和进步。设计师们可以利用Sora创造出更加生动、多样化的设计作品，为用户带来更好的体验和感受。

4.7 当Sora对上新闻业

今天，当人们提及GPT，总会想到它通过人类的语言来理解并交互于这个世界。而随着Sora的亮相，这一领域再次迎来了革新。如果说GPT是语言的大师，那么Sora就是一个多模态数据的通才，它通过视频、图片等多种数据形式来更全面地理解世界。作为生成式AI的新里程碑，Sora为新闻传媒行业带来了巨大的挑战和机遇。

4.7.1 Sora对新闻业只有坏处？

Sora的诞生，让新闻工作者都捏了一把汗。Sora给新闻业带来的最大的危险，就在于视频内容的深度伪造风险。

在早期的图文时代，都说"有图有真相"，但技术的发展让图片可以编辑，甚至可以直接用AI生成，虽然图文不可信了，但视频却是可信的。但Sora的诞生，却让视频也可以直接生成了，并且非常逼真。美国巨星泰勒·斯威夫特（Taylor Swift）就曾因深度伪造的色情内容而引发舆论关注，社媒平台也被迫禁止用户对她名字的检索。

过于逼真的AI视频很有可能造成假新闻泛滥，给新闻伦理和新闻治理带来巨大挑战。究其原因，新闻报道追求的是真实（facts），而Sora却是完全虚拟（fictional）的。随着Sora的应用权下放，每个用户都可以根据自己对于事件的理解生成以假乱真的视频，信息的真相就会变得更加扑朔迷离。并且，面对一些具有指向性的视频信息，不论是公众人物或是自媒体，利用普通大众很难判断真实性的缺陷，声称视频为深度伪造或真实所得，以求躲避舆论谴责、混淆视听，将可能变成操纵舆论的常用套路。即便专业机构传递真实信息，但受众对于新闻信息本能的选择性心理，仍会使得事实核查的结果很难做到反转真相，导致真相权威的重构。

此外，英国技术哲学家大卫·科林格里奇在《技术的社会控制》中指出，一项技术如果因噎废食，过早控制，那么技术很可能就难以得到发展。反之，如果控制过晚，已经成为整个经济和社会结构的一部分，就可能陷入泥沼，难以解决甚至无法解决，这种技术控制的两难困境被称为"科林格里奇困境"，而今天，这种困境也在包括GPT、Sora等大模型上出现了，不管是算法黑箱，还是数据管理把关，甚至是科技公司与用户与监管部门的信息不对称，都让生成式AI深陷这一困境。

事实上，算法黑箱背后的隐私问题、社会控制问题及舆论问题等，早已引起新闻传播行业的关注；大数据可能带来数字侵权、刻板印象和偏见、意识形态问题等，也引起了许多争议。虽然OpenAI没有公布训练Sora所使用的数据库，但据人工智能研究专家推测，Open AI除了使用真实拍摄的视频，比如从YouTube等视频网站抓取或从其视频库中获得授权的视频外，还可能使用了视频游戏引擎中生成的合成视频数据。从样片来看，这个数据库一定超级庞大，涵盖了各种视频主题、风格和流派。很多已有的视频带有明显的倾向性，以这些视频为训练数据而生成的新视频，如果再在新闻媒体领域进行广泛传播，很有可能会进一步加深刻板印象，加强现有的社会各方面的不平衡，带来更多的文化冲突。

更棘手的是，从平台算法开始到现在的人工智能，由于涉及海量数据、极为复杂的算法，以及众多用户与ChatGPT及Sora的个性化互动，即使是人工智能专家也无法精确预测和解释人工智能给出的每一个输出背后的原因，这给对AI的规制带来了前所未有的挑战。

4.7.2 是挑战也是机遇

当然，技术是中立的，只不过，技术的使用会受到我们价值观的影响。Sora对新闻业带来的风险不可忽视，但其积极影响同样值得关注。

在新闻时效性上，要知道，一场突发的火灾、交通事故等事件，往往需要新闻机构迅速反应，向公众传递现场信息。借助Sora模型，新闻机构可以在几分钟内生成一段生动的现场视频，从而极大地提高新闻生产效率，满足观众对实时视频新闻的需求。并且，传统的新闻报道通常受限于拍摄设备、拍摄地点和拍摄时间等因素，传统的文字报道也可能难以真实地再现事件的场景和情况，而Sora则可以生成任意场景、任意角度的视频内容，从而增加新闻报道的多样性和灵活性。新闻机构可以更加自由地展现新闻事件的全貌，提供更加深入、全面的报道。

　　长期来看，Sora的问世，让新闻工作者可以利用AI工具进行视觉叙事，提供了一个生成新闻报道或解释性视频新闻强大的解决方案。传统上，新闻报道主要依靠文字和静态图片进行传播，而有了Sora，新闻工作者可以更加生动地呈现新闻事件，通过视频的形式展示事件的场景和细节。这不仅能够使新闻报道更具吸引力和说服力，还能够帮助观众更直观地理解新闻事件，提升新闻传播的传播效力。Sora可以让新闻从业者从繁重重复的劳动中解放出来，提高工作效率。传统的视频制作过程通常需要花费大量的人力和时间，而有了Sora，新闻工作者可以更快速地生成视频内容，从而更快地报道新闻事件。这意味着他们可以将更多的时间和精力投入新闻报道的策划、深化和挖掘等方面，从而提高新闻报道的质量和深度。这对于新闻行业的发展和进步具有重要意义。

　　此外，Sora还将赋予新闻传播业更强的包容性，特别是对于语言理解障碍人群，这些人群可能因为语言沟通障碍而无法有效地理解书面文字的新闻报道，而视频形式的报道则更具有直观性和可理解性——相比传统的文字报道或静态图片，视频形式的报道更加生动直观，能够更好地展现事件的场景和细节。而基于Sora，新闻语言或许可以有契机广泛变换为视频新闻或是实时手语视频，从而让更多的人能够参与到新闻传播中来，实现信息的更广泛传播和共享。相比传统的预先长期动画制造等方法，Sora有望冲破以往的人力、物力以及时间的壁垒，带来更强的包容性。

不论是从新闻的展现力的角度来说，还是从新闻制作过程简易程度的角度来说，将Sora等视频生成式AI嵌入到新闻生产过程中似乎已是必然。随着人工智能技术的不断发展和普及，视频生成技术将成为新闻行业不可或缺的一部分。新闻机构可以利用这一技术快速生成多样化的视频内容，满足不同受众群体的需求，提升新闻报道的多样性和包容性。这将为新闻行业带来一场巨大的升级，推动新闻传播业生产力的提升，实现新闻报道的更广泛传播和影响。

Sora的横空出世让我们见识到生成式AI技术的不断进步，其发展速度也超越了我们的预想设定。展望未来，Sora等生成式AI会嵌入新闻传播体系，甚至会成为社会信息传播系统的一部分，我们不仅要警惕技术的反面作用，也需要正视技术的正向作用，Sora是挑战，也是机遇，一切都才刚刚开始。

4.8 下一个科学大爆发的时代

Sora的技术进步令人振奋，同时引起了科研人员的广泛关注。科学的发展是一个不断猜想、不断检验的过程。在科学研究当中，研究者需要先提出假设，然后根据这个假设去构造实验、搜集数据，并通过实验来对假设进行检验。在这个过程中，研究者需要进行大量的计算、模拟和证明，Sora有望通过直观的视频内容，使各种复杂信息的传递变得更加高效和易于理解，进一步提升科学研究效率。

4.8.1　科研领域的新生产力

事实上，在Sora之前诞生的GPT，已经对科研领域产生了极大影响。

一方面，GPT可以提高学术研究基础资料的检索和整合效率，比如一些审查工作，GPT可以快速搞定，而研究人员就能更加专注于实验本身。今天，GPT已经成为许多学者的数字助手，可用来修改论文，5分钟，GPT就能审查完一份手稿，甚至连参考文献部分的问题也能发现。也有研究人员认为，语言大模型可以被用来帮学者们写经费申请，进而能节省更多时间出来。当然，GPT在现阶段仅能做有限的信息整合和写作，但无法代替深度、原创性的研究。因此，GPT可以反向激励学术研究者开展更有深度的研究。面对GPT在学术领域发起的冲击，我们不得不承认的一个事实是，在人类世界当中，有很多工作是无效的。比如，当我们无法辨别文章是机器写的还是人写的时候，说明这些文章已经没有存在的价值了。而GPT正是推动学术界进行改变创新的推动力，GPT能够瓦解那些形式主义的文本，包括各种报告、大多数的论文，人类也能够借GPT创造出真正有价值和贡献的研究。

另一方面，GPT还可以成为科研领域的直接生产力。比如，在2023年6月，纽约大学坦登工学院的研究人员就通过GPT-4造出了一个芯片。

具体来说，GPT-4通过来回对话，就生成了可行的Verilog——芯片设计和制造中非常重要的一部分代码。随后研究人员将基准测试和处理器发送到 Skywater 130 nm 穿梭机上成功流片（tapeout），而根据 GPT-4 所设计的芯片方案进行生产之后，获得的结果是一个完全符合商业标准的产品。要知道，一直以来，芯片产业就被认为是门槛高、投入大、技术含量极高的领域。在没有专业知识的情况下，人们是无法参与芯片设计的，但 GPT 却史无前例地做到了。

这意味着，在 GPT 的帮助下，芯片设计行业的大难题——硬件描述语言（HDL）将被攻克。因为 HDL 代码需要非常专业的知识，对很多工程师来说，想要掌握它们非常困难。如果 GPT 可以替代 HDL 的工作，工程师就可以把精力集中在攻关更有用的事情上。芯片开发的速度将大大加快，并且芯片设计的门槛也被大大降低，没有专业技能的人都可以设计芯片了。

2023 年 12 月，卡内基梅隆大学和 Emerald Cloud Lab 的研究团队还基于 GPT-4 开发了一种全新自动化 AI 系统——Coscientist，它可以设计、编码和执行多种反应，完全实现了化学实验室的自动化。实验评测中，Coscientist 利用 GPT-4，在人类的提示下检索化学文献，成功设计出一个反应途径来合成一个分子。更令人震惊的是，Coscientist 在短短 4 分钟内，一次性复现了诺贝尔奖研究。具体来说，全新 AI 系统在 6 个不同任务中呈现了加速化学研究的潜力，其中包括成功优化"钯催化偶联反应"。

可以说，作为大语言模型，GPT 极大地提高了科研领域的工作效率，成为了科学研究的新生产力。

4.8.2　Sora能为科研带来什么？

不同于GPT的大语言模型，Sora则是作为一种文本到视频的可视化工具在科研领域发挥作用。

在数据可视化革新方面，传统的数据可视化方法通常依赖于静态的图表、图像或动画，虽然能够呈现数据的基本特征，但对于复杂的数据结构和关系的表达存在一定的局限性。而Sora能够将复杂的数据集转换为直观的视频内容，极大地简化了数据解读过程。比如，在气候科学研究中，Sora可以将海量的气候变化数据转换为展示地球温度变化的动态视频，通过时间轴的动态展示，观察地球温度的变化趋势和分布情况，使得这些复杂的数据变得易于理解。

更重要的是，除了在数据可视化方面展现出优势，Sora还能通过对历史数据的深度学习和分析来帮助研究人员预测未来的趋势和模式，因为Sora不仅是一个AI视频生成工具，更被认为是一个"世界模型"。

我们都知道，疫情的爆发和传播是一个复杂的动态过程，但往往具有一定的规律性和趋势。而通过利用Sora对历史疫情数据进行深度学习和分析，研究人员可以识别出不同疫情的传播模式、影响因素以及发展趋势。基于这些数据分析结果，他们可以利用Sora进行预测，推测未来可能的疫情爆发时间、地点和规模，从而有针对性地制定疫情防控策略，提前做好准备和应对，减少疫情造成的损失。

在环境保护领域，Sora也可以帮助研究人员预测气候变化趋势、自然灾害发生的可能性以及生物多样性的变化情况。通过对历史气候数据、地质数据和生态数据的深度学习和分析，Sora可以识别出不同环境变化的规律和趋势，并进行对未来的预测。这些预测结果可以为环境保护工作者提供重要参考，帮助他们制定有效的环境保护政策和措施，减少对自然环境的破坏和污染。

Sora的应用，将进一步提升科学研究的效率，在过去，研究人员往往需要花费大量的时间和精力来处理和分析庞大复杂的数据集，这是一项枯燥而耗时的任务。然而现在，利用Sora这样的文本到视频的工具，研究人员可以将更多时间和精力集中在核心研究活动上，而不是数据处理和分析上。

一方面，因为Sora具有高效的数据处理能力，可以迅速将庞大的数据集转换为有用的信息和洞察。无论数据集有多庞大复杂，Sora都能够以极快的速度进行处理和分析，从而节省了研究人员大量的时间和精力。这种高效的数据处理能力使得研究人员能够更快地获取研究结果和发现，加速了研究过程。另一方面，通过使用Sora，研究人员可以更深入地探索数据集，发现其中的规律和趋势，从而得出更加准确和可靠的结论。

更重要的是，Sora的出现使得研究人员能够在更短的时间内探索更多的假设和理论。传统上，数据处理和分析往往是研究过程中最为耗时的环节，限制了研究人员对更多假设和理论的探索。然而，通过使用Sora，研究人员可以在比较短的时间内就完成数据处理和分析，从而有更多的时间和精力来探索更多的假设和理论。

此外，在科学研究领域，将复杂的概念和数据以易于理解的形式呈现给公众或非专业观众一直是一项挑战。传统的方法通常依赖于文字描述、静态图表或图像，但这些方式可能难以准确地表达复杂概念，尤其对于非专业观众来说。然而，基于 AI 视频生成，Sora 可以将复杂的科学概念转化为直观的视频内容，极大地提升科学传播的效率和效果。这种可视化方式使得抽象的概念变得更加具体和生动，使观众可以直观地理解和感知科学概念。

举个例子，在天体物理学领域，Sora 可以将宇宙演化的复杂理论和模型转化为动态的视频内容，观众可以通过观看这些视频了解宇宙大爆炸后的演化过程、星系的形成和演化、黑洞的形成等复杂概念，使得天体物理学的知识更加直观和易于理解。

类似地，在分子生物学领域，Sora 可以将细胞内部的生物化学过程、蛋白质合成和细胞分裂等复杂概念转化为动态的视频内容。通过观看这些视频，非专业观众可以更好地理解细胞的结构和功能，以及生物体内部的微观世界。这种直观的表达方式有助于激发公众对科学的兴趣，促进科学知识的普及和教育。

可以说，从 GPT 到 Sora，在人工智能的推动下，下一个科学大爆发的时代，已经不再遥远。

4.9　教育界的大浪淘沙

任何一次技术的革新，都会对教育带来冲击，从印刷机到录音机、电视机，再到互联网、移动互联数字化，可以说，科学技术的进步和教育的发展如影随形。今天，Sora作为人工智能领域的一项创新突破，对教育领域产生影响也是必然和显而易见的。除了可能改变教育形式外，以Sora为代表的智能技术带来的更深层次的冲击对我们的教育体系提出了新的挑战。

4.9.1　情境化教学到来

Sora的诞生，在教育界最直接受到冲击或者发生改变的一定是教学方式。事实上，对于任何一项新技术都是如此。教育领域一直是技术创新的一个重要应用领域，而Sora作为一种文生视频大模型，其强大的生成能力和逼真的视觉效果也为教学带来了全新的可能性。

从教学内容的呈现方式来看，传统的教学方式往往依赖于文字和图片来传达知识，而这种方式可能会限制学生对于抽象概念和复杂过程的理解。然而，有了Sora，教师就可以利用其生成的逼真视频来呈现教学内容，使得学生可以以视觉的方式直观地感受和理解知识。

比如，在地理课上，教师可以利用Sora生成的视频展示各种地理景观和自然现象，如壮丽的山脉、广袤的草原以及澎湃的河流。通过观看视频，学生可以仿佛置身于实地探索之中，深入了解地球的壮丽景观。

此外，传统的教学方式往往受到时间和空间的限制，难以将抽象的概念和复杂的过程直观地呈现给学生。而有了Sora，教师可以利用其生成的视频来创造丰富多彩的教学场景，使得学生可以更加全面地理解和掌握知识。特别是对于一些核心概念，基于Sora，通过可视化的学习体验，学生就可以将抽象的概念转化为具体的图像和经验，从而更容易理解和记忆。

比如，对于生物内容，教师可以利用Sora生成的视频展示生物体的结构和功能，以及不同生物之间的相互作用。通过观看这些视频，学生可以更加直观地理解生物学的知识，从而提高他们的学习效果和成绩。

当然，改变教学内容的呈现方式还只是Sora在教育领域最基础、最直接的应用，进一步来看，凭借Sora生成视频的强大能力，Sora还为情境化教学提供了可能。所谓情境化教学，就是将学习置身于真实情境中，让学习与学生的现实生活紧密关联，帮助学生获得解决实际问题的能力。情境化学习、跨学科学习、主题性学习、项目式学习和学科实践等教学方法都与创设情境密切相关。在这样的基础上，Sora作为一种视频生成工具，被OpenAI命名为"世界模拟器"，几乎可以生成人们想象得到和无法想象的任何逼真视频，具有创设情境的天然优势——所有的学科和知识点都可以在Sora中创设情境，这也使得Sora有望成为情境教学的得力助手。

比如，化学反应可以被生成为视频，并且通过改变化学元素的变量产生不同的反应结果。此外，抽象的物理推理和数学模型也可以被生成为直观的视频，而Sora可以让这些原理在具体情境中发生多样态的变化。这意味着，Sora不仅可以在教学中用于模拟实验和演示，还可以帮助学生更深入地理解和应用这些理论知识。

　　文学体验、历史场景、气候变化和天体运行等情境在教学中都可以被利用，而 Sora 可以生成这些情境并且无限丰富，使得教学更加生动和具体。举个例子，李白有一首名诗《蜀道难》，即使诗仙李白的诗冠绝群雄、达到人类的语言巅峰，可是对于"难于上青天""连峰去天不盈尺，枯松倒挂倚绝壁"这些诗句，如果我们连山都没见过，又怎么能理解？这个时候，如果 Sora 能根据诗文直接生成视频，让学生身临其境地体验作品的内涵和情感，对于这首诗，我们就可能有完全不一样的理解。再如，对于一些历史知识，教师可以利用 Sora 生成的视频重现历史事件和人物，帮助学生更直观地理解历史的发展和影响。

　　可以看到，Sora 的诞生，不仅仅是简单的教学内容呈现方式的改变，也改变了教学过程的互动性和参与度。一直以来，我们的教学过程都是单向的教师向学生传授知识，而学生则被动接受。但未来，教师完全可以利用 Sora 生成的视频内容与学生进行互动，让学生参与到教学过程中来——教师可以利用 Sora 生成的视频进行课堂互动，提出问题并让学生通过观看视频来寻找答案，从而增强学生的参与度和学习积极性。

　　Sora 也改变了教学资源的获取和利用方式。传统的教学资源主要依赖于教科书和教师讲义，而有了 Sora，教师可以利用其生成的视频内容丰富教学资源。教师可以根据教学需要自行利用 Sora 生成相关的教学视频，也可以从已有的视频库中选择适合的视频进行教学。这种多样化的教学资源不仅能够满足不同教学需求，还能够提高教学效果和教学质量。

4.9.2　亟待转向的教育

当然，如果把Sora等大模型仅仅看作一个辅助教学的工具，那就与以往教学工具变化没有多大的区别，忽略了AI的革命性意义。

要知道，Sora代表的，不仅是"可拟合更多真实物理定律的数字孪生世界"走进人类社会，更是一种智能技术的智能涌现。

如果Sora广泛应用，世界的呈现方式会发生巨大变化，每个人不仅是视频产品的使用者，也是创作者，印刷机时代、电视机时代和互联网时代形成的学科知识的呈现方式将发生变化，AI既是学习的工具，也是学习的内容，传统的知识观将发生变化，在这种新的知识观下，什么才是我们要培养的能力，什么是核心素养，什么是全面发展，都需要被重新定义。

事实上，现代教育从观念到制度都肇始于工业文明，工业文明之前，教育没有统一的学习内容，没有统一的学制和大规模集中教学，正是工业化从教育内容到教育形式对古典教育进行了系统性颠覆。在工业化背景下，我们建立了一套高度完备的组织化学校教育体系，在这个教育体系里，知识是确定的，学习内容是统一的，能力培养的标准是可测量的，学生无论兴趣、好恶、智愚如何差异，都要按照统一进度进行教学，教育变成一个如同产品加工的流程。在今天，不得不功利地承认，我们很多时候的教育只是为了让孩子有一份更好的工作。就连就业的潜在假设是，高校培养的人与工作世界的岗位存在对应关系，只要毕业生能胜任岗位就可以实现"人职"匹配。可以说，高等教育的目标之一就是为学生提供良好的职业发展机会，使他们能够在毕业后顺利就业并适应工作环境。

然而，以就业为抓手反映了高等教育作为供给侧的立场，但却容易忽视工作世界作为需求侧的变化。从技术的角度来看，一方面，GPT 和 Sora 等人工智能技术的出现已经很大程度上改变了职业需求，特别是一些有规律与有规则的岗位的需求正在减少，而另一些新兴领域的需求则增加。另一方面，随着人工智能技术在各行各业的应用，工作的自动化和智能化程度不断提高，传统的就业模式和职业结构也发生了深刻的变化，这使得毕业生面临着更大的就业压力和挑战，需要不断提升自己的专业能力和适应能力，以适应快速变化的就业市场。

工作世界作为需求侧的变化也提示着高等教育作为供给侧必须要尽快转向。举个例子，今天，不少大学都开设了如影视制作、动画设计、多媒体设计、数字媒体艺术等专业。Sora 的到来，可能会使学了四年专业技艺的学生们，比不上一个懂得指挥 AI 的"门外汉"。因此，高等教育需要做更多的事来帮助人们了解他们的世界正在发生何种根本性变化，并且要最大程度地教授这个时代的学生们掌握这些技术的应用，通过对这些先进技术工具的使用来提升工作效能，或是从中挖掘出新的商业机会。

当然，不仅仅是高等教育，在人工智能时代，我们的教育至少要往三个方面转向。

第一，教育的内容需要包括如何熟练地使用人工智能这一强大的工具。正如汽车出现一样，我们所要做的事情并不是去担心汽车是不是速度太快，或者速度没有马车快，还是汽车会对人类社会带来难以预计的危害，我们所要做的事情是尽快地学习使用与驾驶汽车，而不是抱着马车来担心汽车的危害。

今天，不管是GPT还是Sora都还只是人工智能表现出硅基智能化的一个起点，而当我们进入通用人工智能时代，就意味着人类社会的一切都将被人工智能改造一遍，这比以往任何一个时代的工业革命所带来的变革影响更大更深远。也就是说我们人类社会一切有规律与有规则的工作，包括有规律与有规则的知识都将被取代，人工智能将成为我们生活中的通用专家助手。如医生、会计师、律师、审计师、设计师、建筑师、心理咨询师，以及保姆、厨师等职业，人工智能都能以比人类更优秀的能力胜任。这就意味着，人类只要熟练地掌握与使用人工智能，就完全可以借助于人工智能帮助我们成为多领域的专家。因此，在人工智能时代，掌握使用人工智能远比我们掌握一些专业领域的知识与技能本身更重要。

第二，人工智能时代的教育需要不断地挖掘我们人类独有的特性。正如工业革命所引发的产业变革一样，将人类从农耕靠天吃饭的时代，直接带入了依靠工业技术实现批量复制生产，并且可以实现24小时全年无休的生产时代一样，我们一定不是去跟工业自动化生产比拼产品的组装速度与效率，而是我们熟练管理与使用机器的能力。同样，在人工智能时代，人类跟人工智能比拼的一定不是人类社会已有的知识、记忆与技能，也不是诊断疾病的准确率有多高，或者我们的外科手术切口有多完美，而是人类独有的创造力与创新能力。也就是我们借助于人工智能帮助我们完成人类社会一切基础性事物的同时，凭借着人类独有的创新力、创造力与学习能力，不断向前探索、研究，并将最新的研究成果重新赋能与提升人工智能的能力。

第三，在人工智能时代，我们教育的核心在启发，就是如何借助于各种技术、自然的各种知识，通过一些可触摸的方式来启发我们对于知识的探索精神与好奇心，当我们对这些知识有了好奇心之后，借助于人工智能这个强大的知识助手，包括结合虚拟现实技术、虚拟成像技术以及3D打印技术，我们就能将理论的知识学习，或者我们基于知识的一些设想具象化。而我们借助于这些具象化的表现，就能不断地激发我们的探索精神，不断地启发我们的想象力。要想在人工智能时代获得发展，我们当下的教育一定不是围绕着刷题，或者将孩子培养成知识复读机与解题机。

走向未来，技术的变革只会越来越快，前面没有历史可以参照，因此，改变我们的教育方式已经成为了一项必选项，而不是可选项。但幸运的是，人工智能时代，我们与机器竞争的并不是我们的知识与考试能力，也不是我们制造与产品的组装能力，而是我们人类独有的特性——如何通过教育来进一步发挥人类独有的创新力、想象力、创造力、同理心与学习力，这将成为未来教育的核心。

4.10 未来属于拥抱技术的人

从人工智能的概念诞生至今，人工智能取代人类的可能就被反复讨论。人工智能能够深刻改变人类生产和生活方式，推动社会生产力的整体跃升，同时，人工智能的广泛应用对就业市场带来的影响也引发了社会高度关注。

2023年初，ChatGPT横空出世两个多月后，这一忧虑就被进一步放大。这种担忧不无道理——人工智能的突破意味着各种工作岗位岌岌可危，技术性失业的威胁迫在眉睫。联合国贸易和发展会议（UNCTAD）官网曾刊登文章《人工智能聊天机器人GPT如何影响工作就业》称："与大多数影响工作场所的技术革命一样，聊天机器人有可能带来赢家和输家，并将影响蓝领和白领工人。"

一年后，2024年初，Sora的问世再一次引发了广泛的讨论。不管承认与否，人工智能的进化速度都越来越快了，与此同时，人工智能替换人工的速度似乎也越来越快了。

4.10.1 人工智能加速换人

自第一次工业革命以来，从机械织布机到内燃机，再到第一台计算机，新技术出现总是引起人们对于被机器取代的恐慌。在1820年至1913年的两次工业革命期间，雇佣于农业部门的美国劳动力份额从70%下降到27.5%，目前不到2%。

许多发展中国家也经历着类似的变化，甚至更快的结构转型。根据国际劳工组织的数据，中国的农业就业比例从1970年的80.8%下降到2015年的28.3%。

面对第四次工业革命中人工智能技术的兴起，美国研究机构2016年12月发布报告称，未来10到20年内，因人工智能技术而被替代的就业岗位数量将由目前的9%上升到47%。麦肯锡全球研究院的报告则显示，预计到2055年，自动化和人工智能将取代全球49%的有薪工作，其中预计印度和中国受影响可能会最大。麦肯锡全球研究院预测中国具备自动化潜力的工作内容达到51%，这将对相当于3.94亿全职人力工时产生冲击。

从人工智能代替就业的具体内容来看，不仅绝大部分的标准化、程序化劳动可以通过人工智能完成，在人工智能技术领域甚至连非标准化劳动都将受到冲击。牛津大学教授卡尔·贝内迪克特·弗雷（Carl Benedikt Frey）和迈克尔·奥斯本（Michael A.Osborne）就曾在两人合写的文章中预测，未来20年，约47%的美国就业人员对自动化技术的"抵抗力"偏弱。也就是说，白领阶层同样会受到与蓝领阶层相似的冲击。

事实也的确如此——GPT就证明了这一点。当然，这也是因为GPT能做很多事情，比如，通过理解和学习人类语言与人类进行对话，根据文本输入和上下文内容，产生相应的智能回答，就像人类之间的聊天一样进行交流；GPT还可以代替人类完成编写代码、设计文案、撰写论文、机器翻译、回复邮件等多种任务。可以说，让GPT来干活，已经不单单是更听话更高效更便宜，而是比人类干得更好。

　　GPT的出现和应用，让我们明确看到的一件事就是——人工智能将取代人类社会一切有规律与有规则的工作。过去，在我们大多数人的预期里，AI至多会取代一些体力劳动，或者简单重复的脑力劳动，但是GPT的快速发展，让我们看到，就连程序员、编剧、教师、作家的工作都可以被AI取代了。

　　比如技术工作，GPT等先进技术可以比人类更快地生成代码，这意味着未来可以用更少的员工完成一项工作。要知道，许多代码具备复制性和通用性，这些可复制、可通用的代码都能由GPT所完成。GPT的母公司OpenAI已经考虑用人工智能取代软件工程师。

　　比如客户服务行业，几乎每个人都有过给公司客服打电话或聊天，然后被机器人接听的经历。而未来，GPT或许会大规模取代人工在线客服。如果一家公司，原来需要100个在线客服，以后可能就只需要2~3个在线客服就够了。90%以上的问题都可以交给GPT去回答。因为后台可以给GPT投喂行业内所有的客服数据，包括售后服务与客户投诉的处理，根据企业过往所处理的经验，它会回答它所知道的一切。科技研究公司Gartner的一项2022年研究预测，到2027年，聊天机器人将成为约25%的公司的主要客户服务渠道。

　　再比如法律行业，与新闻行业一样，法律行业工作者需要综合所学内容消化大量信息，然后通过撰写法律摘要或意见使内容易于理解。这些数据本质上是非常结构化的，这也正是GPT的擅长所在。从技术层面来看，只要我们给GPT开发足够的法律资料库，以及过往的诉讼案例，GPT就能在非常短的时间内掌握这些知识，并且其专业度可以超越法律领域的专业人士。

目前，人类社会重复性的、事务性的工作已经在被人工智能取代的路上。而Sora的出现，还将进一步扩大被取代的工作范围。

比如，对于一些简单的视频编辑工作，包括剪辑、添加字幕、转场等，Sora都可以自动化地完成。对于产品的演示和说明视频，特别是产品特点和功能较为固定的情况下，Sora可以帮助企业快速生成相应的视频内容，降低对专业视频制作人员的依赖。对于一些社交媒体平台上的内容创作，如短视频、动态海报等，Sora可以帮助用户快速生成内容。可以预见，未来，人类社会一切有规律与有规则的工作都将被人工智能所取代，而随着人工智能的快速迭代，人工智能取代人类社会的工作的速度只会越来越快。

4.10.2 坚持开放，拥抱变化

变化是人生的常态，个人的意愿无法阻止变化来临。灯夫永远也无法阻挡电的普及，马车夫永远无法阻止汽车的普及，打字员永远无法阻止个人电脑的普及。这些变化，可以说是时代趋势为个人带来的危机，也可以说是机遇。

2023年3月20日，OpenAI研究人员提交了一篇报告，在这篇报告中，OpenAI根据人员职业与GPT能力的对应程度来进行评估，研究结果表明，在80%的工作中，至少有10%的工作任务将

在某种程度上将受到ChatGPT的影响。

值得一提的是，这篇报告里提到了一个概念——"暴露"，就是说使用ChatGPT或相关工具，在保证质量的情况下，能否减少完成工作的时间。"暴露"不等于"被取代"，它就像"影响"一样，是个中性词。

也就是说，ChatGPT或许能为某些环节节省时间，但不会让全流程自动化。比如，数学家陶哲轩就用多种AI工具简化了自己的工作内容。这给我们带来一个重要启示，那就是，我们需要改变我们的工作模式，去适应人工智能时代。就目前而言，人工智能依然是人类的效率和生产力工具，人工智能可以利用其在速度、准确性、持续性等方面的优势来负责重复性的工作，而人类依然需要负责对技能性、创造性、灵活性要求比较高的部分。

因此，如何利用AI为我们的生活和工作赋能，就成为了一个重要的问题。也就是说，即便是GPT和Sora，本质上都仍然只是一种技术的延伸，就像为人类安装上一双机械臂，当我们面对这项技术的发展时，需要做到的是去了解它，接触它，去了解其背后的逻辑。无知带来恐惧，模糊带来焦虑，当我们对新技术背后的生成的逻辑有足够的认识的时候，恐惧感自然会消失。

再进一步，我们就可以学习怎样充分地利用它，如何利用人工智能给自己的生活和工作带来积极的作用，提升效率。再往后，我们甚至可以从自己的角度去训练它，改进它，让人工智能成为我们的生活或工作助手。

与此同时，人工智能的发展也会为人类社会带来新的工作机会。

历史的规律便是如此，科技的发展在取代一部分传统工作的同时，也会创造出一些新的工作。

事实上，对于自动化的恐慌在人类历史上也并非第一次。自从现代经济增长开始，人们就周期性地遭受被机器取代的强烈恐慌。几百年来，这种担忧最后总被证明是虚惊一场——尽管多年来技术进步源源不断，但总会产生新的人类工作需求，足以避免出现大量永久失业的人群。比如，过去会有专门的法律工作者从事法律文件的检索工作。但自从引进能够分析检索海量法律文件的软件之后，时间成本大幅下降而需求量大增，因此法律工作者的就业情况不降反升。因为法律工作者可以从事于更为高级的法律分析工作，而不再是简单的检索工作。

再比如，ATM机的出现曾造成银行职员的大量下岗——1988~2004年，美国每家银行的分支机构的职员数量平均从20人降至13人。但运营每家分支机构的成本降低，这反而让银行有足够的资金去开设更多的分支机构以满足顾客需求。因此，美国城市里的银行分支机构数量在1988~2004年上升了43%，银行职员的总体数量也随之增加。再比如近一点的，微信公众号的出现冲击了传统杂志社，但也养活了大量公众号写手。简单来说，工作岗位的消失和新建，它们本来就是科技发展的一体两面，两者是同步的。

过去的历史表明，技术创新提高了工人的生产力，创造了新的产品和市场，进一步在经济中创造了新的就业机会。对于人工智能而言，历史的规律可能还会重演。从长远发展来看，人工智能正通过降低成本，带动产业规模扩张和结构升级来创造更多新的就业。并且可以让人类从简单的重复性劳动中释放出来，从而让我们人类又更多的时间体验生活，有更多的时间从事于思考性、创意性的工作。

德勤公司就曾通过分析英国1871年以来技术进步与就业的关系，发现技术进步是"创造就业的机器"。因为技术进步通过降低生产成本和价格，增加了消费者对商品的需求，从而社会总需求扩张，带动产业规模扩张和结构升级，创造更多就业岗位。

从人工智能开辟的新就业空间来看，人工智能改变经济的第一个模式就是通过新的技术创造新的产品，实现新的功能，带动市场新的消费需求，从而直接创造一批新兴产业，并带动智能产业的线性增长。中国电子学会研究认为，每生产一台机器人至少可以带动4类劳动岗位，比如机器人的研发、生产、配套服务以及品质管理、销售等岗位。

当前，人工智能发展以大数据驱动为主流模式，在传统行业智能化升级过程中，伴随着大量智能化项目的落地应用，不仅需要大量数据科学家、算法工程师等岗位，而且由于数据处理环节仍需要大量人工操作，因此对数据清洗、数据标定、数据整合等普通数据处理人员的需求也将大幅度增加。

并且，人工智能还将带动智能化产业链就业岗位线性增长。人工智能所引领的智能化大发展，也必将带动各相关产业链发展，打开上下游就业市场。

此外，随着物质产品的丰富和人民生活质量的提升，人们对高质量服务和精神消费产品的需求将不断扩大，对高端个性化服务的需求逐渐上升，将会创造大量新的服务业就业。麦肯锡认为，到2030年，高水平教育和医疗的发展会在全球创造5000万~8000万的新增工作需求。

从岗位技能看，简单的重复性劳动将更多地被替代，高质量技能型、创意型岗位被大量创造。这也是社会在发展和进步的体现，旧的东西被淘汰掉，新的东西取而代之，这就是社会整体在不断发展进步。今天，以人工智能为代表的科技创新，正在使得我们这个社会步入新一轮的加速发展之中，它当然会更快地使得旧有的工作被消解掉，从而也更快地创造出一些新时代才有的新的工作岗位。

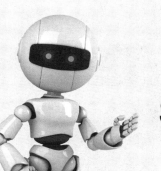

05

第五章

Sora的算力突围

Sora

5.1　人类算力简史

人类文明的发展离不开算力的进步。

在原始人类有了思考后，才产生了最初的计算。人类算力发展经历了从部落社会的结绳计算到农业社会的算盘计算，再到工业时代的计算机计算的转变。而计算机计算也经历了从20世纪20年代的继电器式计算机，到40年代的电子管计算机，再到60年代的二极管、三极管、晶体管的计算机，其中，晶体管计算机的计算速度可以达到每秒几十万次。集成电路的出现，令计算速度实现了80年代的每秒几百万次几千万次，到现在的几十亿、几百亿、几千亿次。

人体生物研究显示，人的大脑里面有六张脑皮，六张脑皮中神经联系形成了一个几何级数，人脑的神经突触是每秒跳动200次，而大脑神经跳动每秒达到14亿亿次，这也让14亿亿次成为计算机、人工智能超过人脑的拐点。而人类智慧的进步也与人类创造的计算工具的速度密切相关。从这个角度来讲，可以说，算力就是人类智慧的核心。

5.1.1 原始时代的人工算力

大脑，是人类最原生的算力工具。依靠大脑所提供的算力，我们才得以生存。

动物也有大脑，也有算力，但是远远不如人类强劲。在漫长的进化过程中，人类的大脑越来越发达，最终帮助自己从万物生灵中脱颖而出。

当然，仅靠大脑是远远不够的，于是就有了算力工具的诞生。对人类来说，最早也是最简单的计算工具就是用手指，人有两只手，共10根手指，这也是为什么我们习惯使用十进制计数法。

用手指计数的方法虽然很简单，但是计算能力和范围有限，也无法保存计算结果。于是，人类开始借助外部算力工具，比如草绳、石头，也就是所谓的"结绳记事"。中国关于结绳记事的记载出自《易经·系辞下》："上古结绳而治，后世圣人易之以书契。"就连中国结，也源于"结绳记事"。

草绳、石头之后，又诞生了算筹，即用长度、粗细都相近的小棍子，通过横竖不同的摆放方法，来表示1~9这9个数字，并进行计算的方法。这些小棍子一般长13~14厘米，径粗0.2~0.3厘米，用竹子、兽骨和象牙等材料制成。据《孙子算经》记载，算筹记数法则是："凡算之法，先识其位，一纵十横，百立千僵，千十相望，万百相当。"公元480年，祖冲之把圆周率精确计算到小数点后第七位（3.1415926），采用的工具就是算筹。他的这一记录，保持了900多年。

算筹的出现，虽然解决了数字的表示和保存问题。人们利用算筹可以实现基本的记数，但是对于数字的加减乘除等计算方式，需要消耗大量小棍子，这种靠摆放来计算的方式就显得力不从心了。在这样的情况下，算盘诞生了。在元代后期，算盘凭借其灵便、准确的优势取代了算筹，成为古代乃至近代社会主流的计算工具，并先后流传到日本、朝鲜及东南亚国家，后来又传入西方。

除了东方外，在西方历史上也出现过使用较为广泛的手动计算工具。1617年，英国数学家约翰·纳皮尔（John Napier）发明了纳皮尔乘除器，也称纳皮尔筹、纳皮尔计算尺，它由10根长条状的木棍组成，每根木棍从上至下的每个方格内的数字都表示该木棍第一位数与该方格行号相乘的结果，比如第七根木棍第三个方格代表7乘以3的结果21。

5.1.2　工业时代的机械算力

通过算盘、算筹等手动式计算工具，人类可以完成简单的数字加减乘除，但依然难以解决数据或计算量较大的问题。而在这个过程中，随着生产力不断升级，机械工具逐渐渗透到人类的日常生活和劳作中，新型的机械算力工具由此诞生。

1625年，英国数学家威廉·奥特雷德（William Oughtred）发明了计算尺。计算尺利用了尺和游标之间的比例关系来进行乘除运算。通过将两个尺放在一起并通过游标移动，用户可以快速进行各种数学计算，如乘法、除法、对数和三角函数等。这种简单而有效的设计使得计算尺成为了当时数学家和科学家的重要工具。奥特雷德的计算尺不仅在数学领域取得了成功，还在航海、工程和天文学等领域得到了广泛应用。特别是在航海领域，计算尺的出现极大地提高了导航的准确性和效率，因为它可以用来计算经纬度、航向和航速等重要参数。在工程方面，计算尺帮助工程师们更快地进行复杂的结构计算和设计。在天文学中，计算尺被用来解决星体运动和天文现象等问题，为天文学家提供了强大的计算工具。

除了计算尺外，1642年，法国数学家布莱兹·帕斯卡（Blaise Pascal）又发明了人类最早的机械计算器。帕斯卡的计算器由一系列的齿轮、滑轮和数字盘组成，用户可以通过手动旋转这些部件来进行数字输入和计算。每次操作都会导致数字盘的移动，从而实现数字的加法或减法。这种设计简单而精巧，使得人们可以快速、准确地进行数学运算，极大地提高了计算效率。

计算尺和计算器的发明，可以辅助完成对数计算、三角函数计算、开根计算等复杂任务，提升计算效率。17世纪末到18世纪中，德国数学家戈特弗里德·莱布尼茨（Gottfried Leibniz）等人，先后设计和制造了能够计算乘法的设备，将算力工具提升到更高的层级。

值得一提的是，虽然齿轮、连杆组装的运算器大大提高了计算效率，同期也出现过不少类似的计算工具，但是这些计算工具本质上依然没有突破手动机械的框架，在功能、速度及可靠性等方面仍然有很大的局限性。为解决这种限制，人们必须突破手动式操作的思维框架，通过标准化的输入信息和机械操控方式来提升计算效率。

在这样的背景下，1725年，法国人巴斯勒·布乔（Basile Bouchon）发明了一种和机器进行"对话"的表达形式——打孔卡（穿孔卡）。打孔卡用于织布机。织布机在编织过程中，编织针会往复滑动。根据打孔卡上的小孔，编织针可以勾起经线（没有孔，就不勾），从而绘制图案。换句话说，打孔卡是存储了"图案程序"的存储器，对织布机进行控制。而打孔卡的发明，标志着人类机械化信息存储形式的开端。1801年，法国织机工匠约瑟夫·马里尔·雅卡尔（Joseph Marie Jdakacquard）对打孔卡进行了升级。他将打孔卡按一定顺序捆绑，变成了带状，创造了穿孔纸带（Punched Tape）的雏形。这种纸带，被应用于提花织机。

在这种模式的启发下，19世纪初英国数学家查尔斯·巴贝奇（Charles Babbage）发明了利用机器取代人工操作的工具——"巴贝奇差分机"。这台"差分机"在1821年制造完成，历时十年，可以进行多种函数运算，运算精度达到了6位小数。

1834年，巴贝奇又提出了一个更大胆的想法——设计一个以蒸汽为动力的通用数学计算机，能够自动解算有100个变量的复杂算题，每个数可达25位，速度可达每秒钟运算一次。这种新的设计，巴贝奇称之为"分析机"。

"分析机"虽然最终未能制造成功。但"分析机"中包含的很多设计，比如输入和输出数据的机构，以及"存储库"和"运算室"，都给后来真正的计算机带来了启示。因此，"分析机"也被称为世界上第一台计算机，而巴贝奇则被誉为计算机鼻祖。

5.1.3　信息时代的电子算力

从原始时代到工业时代，技术的发展带来了算力的提升。不过，在信息时代到来前，虽然算力也在持续提升，但提升的速度却是非常缓慢的，直到电子计算机的出现，自此，算力提升进入了一个爆发式增长的新阶段。而爆发式增长的算力不仅对科学技术领域产生了深远影响，改变了人类的生活方式和工作方式，同时也催生了新的产业和经济模式。在电子计算机的基础上，人们不断开发出新的硬件设备、软件程序和网络系统，为信息时代的进一步发展提供了强大支撑。这种信息技术的发展不断推动着经济的全球化和数字化，为全球范围内的信息交流、商业合作和社会互动创造了无限可能。

5.1.3.1　电子计算机的诞生

17 世纪后半叶，德国数学家莱布尼茨率先提出了二进制。19 世纪中叶，英国数理逻辑学家乔治·布尔（George Boole）提出了逻辑代数（也称布尔代数）。乔治·布尔通过二进制将算数和简单的逻辑统一起来，通过使用与、或、非等逻辑运算符，并基于真和假的二值逻辑，为我们提供了一种理解和操纵逻辑关系的工具。布尔代数为计算机的二进制、开关逻辑电路的设计铺平了道路，并最终为现代计算机的发明奠定了数学基础。1937 年，英国剑桥大学的艾伦·图灵（Alan M. Turing）提出了被后人称为"图灵机"的数学模型。这为现代计算机的逻辑工作方式指引了方向。

除了理论基础外，硬件方面，1904年，英国人约翰·安布罗斯·弗莱明（John Ambrose Fleming）发明了真空电子二极管，可以实现单向导电、检波、整流。1906年，美国人德·福雷斯特（Lee De Forest）在二极管的基础上加以改进，发明了真空三极电子管，可以实现信号放大。真空管的出现，推动人类电子技术向前迈了一大步，初步补足了硬件短板。

同一时期，信息存储技术也有了巨大进步。1898年，丹麦工程师瓦蒂玛·保尔森（Valdemar Poulsen）在自己的电报机中首次采用了磁线技术，使之成为人类第一个实用的磁声记录和再现设备。1928年，德国工程师弗里茨·普弗勒默（Fritz Pfleumer）发明了录音磁带。1932年，奥地利工程师古斯塔夫·陶谢克（Gustav Tauschek）发明了磁鼓存储器，标志着磁性存储时代的开启。

在理论基础、硬件设备和存储技术的同步发展下，人类终于看到了电子计算机的希望。1942年，美国爱荷华州立大学物理系副教授阿塔纳索夫（John V. Atanasoff）和他的学生克利福德·贝瑞（Clifford Berry）设计制造了世界上第一台电子计算机，名为"ABC"（Atanasoff–Berry Computer），也被称为"珍妮机"。ABC使用了IBM的80列穿孔卡作为输入和输出，使用真空管处理二进制格式的数据。数据的存储，则是使用的再生电容磁鼓存储器（regenerative capacitor memory）。虽然ABC无法进行编程（仅用于求解线性方程组），但使用二进制数字来表示数据、使用电子元件进行计算（而非机械开关）、计算和内存分离等特点，都足以证明它是一台现代意义上的数字电子计算机。

1944年，在IBM公司的支持下，哈佛大学博士霍华德·艾肯（Howard Aiken）成功研制了通用电子计算机——Mark Ⅰ，也称ASCC（automatic sequence controlled calculator，自动控制序列计算器）。Mark Ⅰ长16米，重4.3吨，拥有75万个零部件，使用了800公里长的电线、300万个连接、3500个多极继电器、2225个计数器。它可以在1秒内进行3次加法或减法。乘法需要6秒，除法需要15.3秒，对数或三角函数需要超过1分钟。

两年后，1946年2月14日，ENIAC（埃尼阿克）诞生了。ENIAC占地170平方米，重达30吨，功率超过150千瓦。之所以体积和功耗这么大，是因为它采用了17468根真空管。这些真空管，使其可以每秒完成5000次加法或400次乘法，约为手工计算的20万倍。从这一刻起，人类的算力，进入了全新的阶段。

5.1.3.2　电子计算机的四个阶段

20世纪40年代，电子计算机诞生的浪潮，也开启了波澜壮阔的信息技术革命，自此，人类算力进入信息时代。在信息时代，计算的效率和能力主要取决于电子计算机的能力，而计算机的能力又取决于其内部的芯片。也就是说，信息时代的算力强弱，本质上是由计算机的芯片来决定的。而根据电子计算机的发展历程，则可以按电子管、晶体管、集成电路和超大规模集成电路划分为四个阶段。

ENIAC的诞生，代表着第一代电子计算机的到来。这一阶段的计算机最明显的特征就是使用真空电子管和磁鼓存储数据，输入输出设备为穿孔式机器，直到后来演变为磁带驱动器，计算速度大大提升。最初这类计算机只存在于科研或者军事等特定领域，离大多数人的日常生活较为遥远。直至1953年，IBM 701计算机发布，推动了电子计算机商业化，电子计算机逐渐渗透到各行各业，但由于其造价昂贵，且运行成本极高，只有一些有财力的政府部门和银行才用得起。

1947年，来自贝尔实验室的威廉·肖克利（William Shockley）、约翰·巴丁（John Bardeen）和沃尔特·布拉顿（Walter Brattain），共同发明了世界上第一个晶体管，这一发明被称为20世纪最重要的发明，也开启了第二代电子计算机的发展。

晶体管的特性特别适合制造逻辑门电路，同时，其在体积、重量、发热、速度、价格、耗电等方面相比电子管都有较大的优势。晶体管的使用，极大地缩小了计算机的体积并提升了计算性能。操作系统和高级编程语言也都在这一时期诞生。晶体管的问世，为电路的小型化打下了基础，也为集成电路以及芯片的出现创造了前提。

1954年，世界上第一台晶体管计算机TRADIC（贝尔实验室研制）在美国空军投入使用。其运行功耗不超过100W，体积不超1立方米，相比当年的ENIAC有天壤之别。1958年，美国的RCA公司制造出了世界上第一台全部使用晶体管的计算机——RCA501。1959年，IBM公司也生产出全部晶体管化的计算机——IBM 7090。

第三代计算机的核心是硅基芯片制成的集成电路。所谓集成电路，其实就是在一个小的硅片上集成了大量的晶体管、电阻、电容等元件，形成了一个完整的电路系统，从而实现更复杂的逻辑功能和更高的运算速度。相比第二代计算机中的晶体管技术，集成电路技术使得第三代计算机的性能进一步提升，同时也实现了计算机规模的进一步缩小。

这一阶段的计算机主要出现在20世纪60年代末期至70年代初期，代表性的计算机包括IBM的System/360系列和DEC的PDP-8、PDP-11、VAX-11系列等。

20世纪60年代，IBM是世界计算机行业毫无疑问的"领头羊"。1964年4月7日，IBM公司正式发布了六种规格的System/360商用大型主机。360，是360度角的意思，表示全方位的服务。它是世界上首个指令集可兼容计算机。单个操作系统可以适用整个系列，而不需要像之前的计算机一样，每种主机量身定做操作系统。

IBM System/360是IBM史上最成功的机型，虽然研发投入巨大，但回报同样可观——每台主机的价格在250万~300万美元（约合现在的2000万美元），每月售出超过千台。美国太空总署的阿波罗登月计划，全美的银行跨行交易系统，以及航空业界最大的在线票务系统等，都使用了IBM System/360。

如果说IBM霸占了大型机市场，那么DEC公司则把焦点对准了小型计算机市场。DEC 发布的 PDP-8、PDP-11、VAX-11 系列主机就是小型机的代表产品。1965 年，DEC 推出了第一台以集成电路为主要器件的小型商业化计算机 PDP-8。小型机无论是体积、成本还是性能，都更加贴近人们的日常工作和生活。

1970 年以后，随着芯片制造工艺的提升，大规模集成电路和超大规模集成电路成为第四代计算机的主要电子器件。这一代计算机呈现两大发展趋势，一是运算速度超过每秒亿次的超级计算机，比如我们熟知的"神威·太湖之光""天河系列"等。它们的出现，打破了生物、化学等基础学科领域研究中的计算瓶颈，推动着科研向高精尖方向发展。二是极其灵活的微处理器及以微处理器为核心组装的微型计算机。相比前者，微型计算机在真正意义上实现了"算力"进入千家万户和千行百业的目标。

1968 年 7 月，罗伯特·诺伊斯（Robert Noyce）和戈登·摩尔（Gordon Moore）创立了英特尔（Intel）公司。1971 年，英特尔开发出了世界上第一个商用处理器——Intel 4004。这款处理器片内集成了 2250 个晶体管，能够处理 4bit 的数据，每秒运算 6 万次，工作频率为 108KHz。Intel 4004 的出现，标志着微处理器时代的开始，也标志着微型计算机的问世。

1974 年，英特尔又推出了面向个人电脑开发的微处理器——Intel 8080，其性能是 4004 的 20 倍。MITS 公司于同一年推出的经典微型电脑 Altair 8800，就是基于 8080 处理器。Altair 8800 在 1975 年 1 月的《大众电子学》杂志上发布后，引起了计算机爱好者的广泛关注。其中，就包括了成立了微软的比尔·盖茨和保罗·艾伦。

在这一代计算机中，半导体存储器集成程度越来越高，容量越来越大，输入输出设备种类越来越多，软件应用产业越来越发达，这些因素极大地方便了个人用户的使用。同时，随着计算机技术与通信技术相结合以及互联网的普及，"算力"逐渐如水电一般渗透到人们的日常工作和生活中，成为人类社会最不可或缺的基础设施。

5.1.4　智能时代的算力创新

进入人工智能时代，作为人工智能的三要素之一，算力构筑了人工智能的底层逻辑。可以说，新一轮科技创新周期正是肇始于底层算力创新——算力已经成为集信息计算力、网络运载力、数据存储力于一体的新型生产力，与此同时，算力产业也日益庞大。

5.1.4.1　芯片：算力的核心

作为对信息数据进行处理并输出目标结果的计算能力，算力主要就是通过 CPU、GPU、FPGA、ASIC 等各类计算芯片实现。

CPU，也称中央处理器，用于执行各种指令和控制计算机的操作。CPU 位于计算机主板上，承担着大量的运算和计算任务。CPU 可被视为计算机的"大脑"，它实现了计算机的指令集，接收和执行计算机的运算和逻辑操作指令，并控制计算机的各种输入输出操作。

CPU 包含许多不同的功能模块，如算术逻辑单元（ALU）、控制单元（CU）、寄存器等。当CPU执行指令时，控制单元从程序计数器中获取下一条指令，然后ALU执行这条指令，最后将结果写入寄存器或内存中。不同型号的CPU具有不同的处理能力和性能，这通常取决于其体系结构、时钟速度、缓存大小和指令集等主要参数。

在全球数据中心CPU市场，基于X86架构的英特尔和AMD占据市场主导地位。根据 Counterpoint Research 的研究报告，2022年英特尔以70.77%的市场份额绝对领先其他对手；AMD以19.84%的市场份额位列第二。同时，基于ARM架构的处理器市场份额不断提升。不同性能和价格的CPU芯片，能够满足不同用户的需求。但总的来说，在计算机系统中，CPU是至关重要的组件之一，为计算机运行提供了基础性的支持。

尽管20世纪50年代以来，CPU就一直是每台计算机或智能设备的核心，是大多数计算机中唯一的可编程元件，并且，CPU诞生后，工程师也一直没放弃让CPU以消耗最少的能源实现最快的计算速度的努力。但即便如此，人们还是发现CPU做图形计算太慢。在这样的背景下，图形处理单元（GPU）应运而生。

英伟达将GPU提升到了一个单独的计算单元的地位。GPU是在缓冲区中快速操作和修改内存的专用电路，因为可以加速图片的创建和渲染，所以得以在嵌入式系统、移动设备、个人电脑以及工作站等设备上广泛应用。20世纪90年代以来，GPU则逐渐成为计算的中心。

事实上，最初的GPU还只是用来做功能强大的实时图形处理。后来，凭借其优秀的并行处理能力，GPU已经成为各种加速计算任务的理想选择。随着机器学习和大数据的发展，很多公司都会使用GPU加速训练任务的执行，这也是今天数据中心中比较常见的用例。

大多数的CPU不仅期望在尽可能短的时间内更快地完成任务以降低系统的延迟，还需要在不同任务之间快速切换保证实时性。正是因为这样的需求，CPU往往都会串行地执行任务。而GPU的设计则与CPU完全不同，它期望提高系统的吞吐量，在同一时间竭尽全力处理更多的任务。

设计理念上的差异也最终反映到了CPU和GPU的核心数量上，GPU往往具有更多的核心数量。当然，CPU和GPU的差异也很好地形成了互补，其组合搭配在过去的几十年里，也为庞大的新超大规模数据中心提供了的动力，使得计算得以摆脱PC和服务器的烦琐局限。

FPGA（现场可编程门阵列）是一种集成大量基本门电路及存储器的芯片，最大特点为可编程。可通过烧录FPGA配置文件来定义这些门电路及存储器间的连线，从而实现特定的功能。不同于采用冯诺依曼架构的CPU与GPU，FPGA主要由可编程逻辑单元、可编程内部连接和输入输出模块构成。FPGA每个逻辑单元的功能和逻辑单元之间的连接在写入程序后就已经确定，因此在进行运算时无须取指令、指令译码，逻辑单元之间也无须通过共享内存来通信。基于此，尽管FPGA主频远低于CPU，但完成相同运算所需时钟周期要少于CPU，能耗优势明显，并具有低延时、高吞吐的特性。

ASIC芯片是专用定制芯片，为实现特定要求而定制的芯片。除了不能扩展以外，在功耗、可靠性、体积方面都有优势，尤其在高性能、低功耗的移动端。谷歌的TPU、寒武纪的GPU、地平线的BPU都属于ASIC芯片。

此外，在人工智能时代，还诞生了AI专用芯片，比如NPU。NPU（neural processing unit）是指专门为深度神经网络计算而设计的处理器，通常被用于人工智能、机器学习、自然语言处理等场景中。相较于通用处理器（如CPU、GPU等），NPU具有更高的性能和更低的能耗。NPU的设计原则是充分利用深度学习中的矩阵运算和卷积运算这些高密度的算法来优化芯片的结构和性能。NPU通常采用特殊的处理器架构和算法来加速深度神经网络的计算，实现高效的神经网络训练和推理过程。NPU内置了大量的算术单元，可以快速高效地完成深度神经网络中的各种计算任务。目前，许多厂商都推出了自己的NPU产品，其中包括华为的昇腾NPU、三星的Neural Processing Unit、苹果的A系列芯片、谷歌的TPU等。这些NPU的性能各不相同，但它们都可以提供出色的性能和能效比，为深度学习和人工智能应用带来了重要的发展机遇。

5.1.4.2 服务器：集中化的算力

服务器作为集中化的算力，可以是一台独立的物理设备，也可以是一组联网的计算机集群。服务器的主要功能是接收来自客户端的请求，并相应地提供服务或资源，如网页、文件、数据库查询等。也就是说，服务器不仅仅是托管网站、应用程序或数据存储的设备，它们还负责处理这些服务所需的各种计算任务。服务器的性能直接影响到服务的响应速度、并发处理能力以及用户体验。因此，服务器的算力是服务器性能的重要组成部分之一。

在20世纪八九十年代，服务器的技术架构和市场格局发生了巨大变化。微处理器出现之后，催生了PC这样的小型化电脑。传统大型机开始逐渐衰退，并朝着两个方向演变，第一个方向，是直接变成超级计算机，专门进行科学和军事领域的高精尖计算。另一个方向，是变成小一点的服务器，专门为政府和企业提供服务。服务器的形态也有多种，包括塔式、机架式、机柜式等。

在当时，服务器的技术架构主要分为两个阵营。一个是以 SUN、SGI、IBM、DEC、HP、摩托罗拉等厂商为代表的RISC—CPU阵营，主张采用RISC—CPU架构（RISC，简单指令计算机）。RISC架构的设计理念是简化指令集，减少指令的复杂性，提高执行效率。RISC处理器以其精简的指令集和高效的执行方式而著称，具有较高的性能和运行速度。RISC处理器在科学计算、图形处理等领域表现出色，受到了一定的市场欢迎。另一个则是以英特尔和AMD为代表的CISC—CPU阵营，主张采用CISC—CPU架构（CISC，复杂指令计算机）。CISC架构的设计理念是在处理器中集成更多、更复杂的指令，以提高编程的灵活性和效率。CISC处理器的设计更加灵活，能够支持更多的指令集，因此在通用计算和应用软件兼容性方面具有优势。

虽然RISC速度更快，但英特尔最终凭借巨大的研发投入，以及兼容性和量产速度上的优势，成功巩固了自己的地位。英特尔的x86架构处理器成为主流，成为服务器市场的主导力量。其架构在PC领域已经占据主导地位，并逐渐渗透到服务器市场中，成为广泛应用的标准。直到今天，采用Intel、AMD或其它兼容x86指令集的处理器芯片以及Windows操作系统的服务器，依然是目前主流的服务器架构。

除了x86服务器外，还有RISC服务器和EPIC服务器，RISC服务器基于RISC处理器，主要包括IBM的Power和PowerPC处理器、SUN和富士通合作研发的SPARC处理器、华为的鲲鹏920处理器，EPIC服务器基于EPIC处理器，目前主要是Intel的安腾处理器。

在服务器的硬件配置中，处理器、内存、存储设备和网络设备等组件都对服务器的算力产生影响。

其中，处理器是服务器中的核心组件，负责执行计算任务和处理数据。处理器的性能取决于其架构、频率、核心数量以及缓存大小等因素。高性能的处理器能够更快地执行指令，处理更多的计算任务，提高服务器的整体性能。

内存的容量和速度对服务器的数据处理和存取速度有重要影响。内存（RAM）用于临时存储数据和程序，是服务器进行计算和处理的关键资源。内存容量越大，服务器能够同时处理的数据量就越大，而内存速度则影响着数据的读取和写入速度。因此，高容量、高速的内存可以提升服务器的数据处理效率，加快任务执行速度。

另外，存储设备也对服务器的整体性能产生重要影响。服务器通常配备多种存储设备，包括固态硬盘（SSD）、机械硬盘（HDD）、NVMe固态硬盘等。存储设备的选择影响着数据的读写速度、存储容量和可靠性。高速、可靠的存储设备可以提供更快的数据读写速度，减少数据访问延迟，提高服务器的响应速度和整体性能。

服务器的网络设备包括网络接口卡（NIC）、交换机、路由器等，它们负责处理网络通信和数据传输。高速、稳定的网络设备可以提供更快的数据传输速率和更稳定的网络连接，保障服务器与客户端之间的通信畅通无阻。

此外，服务器通常在数据中心中运行，通过网络与客户端进行通信。而按市场份额来看，当前，戴尔、惠普、浪潮、联想、华为、超微、新华三和思科则牢牢占据了全球服务器市场。

5.1.4.3 云计算：灵活的云端算力

互联网崛起之后，用户的急剧增长，以及业务的潮汐化特点（有时候人多，有时候人少），给服务商带来了很大的压力。如何以更低的成本，更灵活地满足用户需求，成为众多企业思考的难题。在这样的背景下，云计算的概念酝酿而生。

所谓云计算，其实就是为用户提供基于云端服务器的计算。云计算的本质，是一个算力资源池。它把零散的物理算力资源变成灵活的虚拟算力资源，配合分布式架构，提供理论上无限的算力服务。在传统的计算模式下，用户需要购买、配置和维护自己的服务器设备，这不仅需要大量的资金投入，还需要专业的技术支持和管理人员。而通过云计算服务，用户可以通过网络直接访问云端服务器的计算资源，无须关心底层的硬件设备和基础设施维护，极大地简化了计算资源的获取和使用过程。

在云计算网络平台，每个人都可以在几分钟内建立、开通自己的网站，空间大、速度快、费用低、信息安全。云中的数据可以无限增加。而数据的增加只是服务器数量的增加，系统提取数据的速度不受影响。而云计算也令信息搜索更快、更精准、更丰富。使用一种以云计算为基础的电子邮件服务意味着：假如笔记本电脑宕掉的话，也不用去担心会失去所有的电邮，还可以从任何一个网页浏览器上登录邮箱。随着云计算的服务增多，同样的事情也将会在其他的文档和数据上实现。云计算出现之后，物理计算机变成虚拟计算机。云计算所提供的服务，慢慢被笼统归纳为计算服务，也就是算力服务。

云计算服务以其灵活性和便利性成为了现代信息技术领域的重要组成部分。其通常包括三种主要形式：基础设施即服务（IaaS）、平台即服务（PaaS）、软件即服务（SaaS），每种形式都为用户提供了不同层次的服务和功能。

在基础设施即服务（IaaS）模式下，云计算服务提供商向用户提供了基础的计算资源，如虚拟机、存储空间和网络带宽等。用户可以根据自身需求灵活地调整和配置这些资源，而无须关心底层的硬件设备和基础设施的维护。这种模式下，用户可以快速搭建和扩展自己的IT基础设施，降低了建设和运维成本，提高了资源利用效率。

在平台即服务（PaaS）模式下，云计算服务提供商更进一步地为用户提供了开发和部署应用程序所需的平台服务。这包括开发工具、数据库、应用程序框架等，使用户可以更轻松地进行应用程序的开发、测试和部署。PaaS模式为开发人员提供了一个灵活、高效的开发环境，加速了应用程序的上线和迭代过程，同时降低了开发成本和技术门槛。

在软件即服务（SaaS）模式下，云计算服务提供商直接向用户提供了完整的软件应用程序，用户无须安装和配置任何软件，只需通过网络浏览器即可直接访问和使用这些应用程序。这种模式下，用户可以根据需要订阅和使用各种应用程序，无须关心软件的购买、安装和维护问题，大大降低了软件的使用成本和管理成本，提高了工作效率和便利性。

于是，通过云计算服务，用户就可以根据自己的需求和预算灵活选择不同的服务模式，并按需获取计算资源，大大降低了IT基础设施的成本和管理复杂性。云计算服务还提供了弹性扩展和高可用性等特性，使用户可以根据应用负载的变化动态调整和扩展计算资源，提高了系统的灵活性和可靠性。同时，云计算服务也提供了安全性、备份和灾难恢复等功能，为用户的数据和应用程序提供了更可靠的保护和安全性。

最早将云计算变成现实的是亚马逊。2006年，互联网电商亚马逊（Amazon）率先推出了两款重磅产品，分别是S3（simple storage service，简单存储服务）和EC2（elastic cloud computer，弹性云计算），从而奠定了自家云计算服务的基石。另一家在云计算上有所行动的公司，则是谷歌（Google）。在2003～2006年，谷歌连续发表了4篇重磅文章，分别关于分布式文件系统（GFS）、并行计算（MapReduce）、数据管理（Big Table）和分布式资源管理（Chubby），这些文章不仅奠定了谷歌自家的云计算服务基础，也为全世界云计算、大数据的发展指明了方向。今天，除了亚马逊和谷歌外，几乎所有的互联网科技巨头都在云计算领域有所布局。

5.1.5　一部波澜壮阔的科技史诗

人类的算力发展历程，堪称一部波澜壮阔的科技史诗。从古代的人工计算到机械计算，再到电子计算，这一漫长而曲折的历程跨越了数千年的时光。

古代，人们依靠手工和脑力进行计算，利用原始的工具和方法处理数字和数据。尽管这种方式极为费时费力，但却培养了人类对数学和逻辑的理解和掌握，为后来的计算技术奠定了基础。

随着社会的不断进步和科技的不断发展，人们开始尝试利用机械设备进行计算。17世纪末至18世纪初，布莱兹·帕斯卡（Blaise Pascal）和戈特弗里德·莱布尼茨（Gottfried Leibniz）等人发明了一系列机械计算器，这些机械装置能够进行基本的算术运算，极大地提高了计算的速度和精度，为科学和工程领域的发展带来了重要的推动力。

当然，真正的计算革命发生在20世纪初，随着电子技术的飞速发展和普及，电子计算机应运而生。电子计算机的出现，是一个重要的里程碑。电子计算机以其高速、高效的计算能力，彻底改变了人类计算和数据处理的方式，极大地推动了科学技术的发展和社会生活的变革。

电子计算机的诞生让人类进入了信息时代，算力的性能和规模以前所未有的速度增长。随着摩尔定律的提出和计算机硬件技术的不断进步，计算机的速度、存储容量和功能不断提升，远远超出了人们的想象。电子计算机不仅成为了科学研究和工程设计的重要工具，也渗透到了商业、教育、娱乐等各个领域，深刻影响了人类的生产生活和社会发展。

在这个过程中，互联网的普及和数字化技术的发展，使得信息的获取、传输和处理变得更加便捷和高效。人们不再局限于单一的计算机，而是通过云计算、大数据、人工智能等技术，将计算资源和数据连接起来，实现了信息的共享和智能化应用，开启了数字时代和智能时代的新篇章。

比如，企业可以利用计算机进行数据处理、信息管理、生产计划等工作，大大提高了工作效率和生产效率。计算机的广泛应用使得企业能够更好地掌握市场信息、预测需求、优化生产流程，从而更加灵活地应对市场竞争和变化，实现业务的持续发展和创新。同时，互联网和电子商务的兴起，为企业提供了全新的商业模式和销售渠道，促进了商业的全球化和数字化转型。

而个人则可以通过互联网和智能设备轻松地获取各种信息、

享受各种服务。人们可以通过手机App订购外卖、预订旅行、购买商品等，实现了生活的便捷和智能化。智能家居设备的普及也使得人们的生活更加舒适和便利，可以通过手机远程控制家电、监控家庭安全等。此外，算力的发展还促进了医疗健康、教育科技等领域的进步，为人们提供了更加高效、便捷的服务和工具，提升了生活质量和幸福感。

可以说，整个人类社会，在算力的驱动下，发生了翻天覆地的变革。从生产到生活，从经济到文化，从科学到教育，无一不受到了深刻的影响。算力的进步推动着人类社会不断前行，为未来的发展开辟了无限可能。

5.2 算力高地争夺战

算力正以一种新的生产力形式，为各行各业的数字化转型注入新动能，成为经济社会高质量发展的重要驱动力。在这样的背景下，全球范围内各个科技大厂对算力的争夺也愈发激烈——无论是微软和谷歌在算力方向的大规模投入建设，还是OpenAI的万亿美元打造芯片帝国计划，某种程度上都是要借助先发算力优势，主导人工智能时代的话语权。

5.2.1 英伟达：算力竞争的领先方案

在人工智能时代，算力的核心就是芯片，如果造不出顶级芯片，就没有足够的算力提供给AI进行训练。毕竟人工智能产品想要做得更智能，就需要不断地训练，算力就是训练的"能量"，或者说是人工智能智商的关键，是驱动人工智能在不断学习中慢慢智能的动力源泉。而英伟达在芯片领域已经布局已久。

5.2.1.1 AI芯片第一股

20世纪90年代，3D游戏的快速发展和个人电脑的逐步普及，彻底改变了游戏的操作逻辑和创作方式。1993年，黄仁勋等三位电气工程师看到了游戏市场对于3D图形处理能力的需求，成立了英伟达，面向游戏市场供应图形处理器。1999年，英伟达推出显卡GeForce256，并第一次将图形处理器定义为"GPU"，自此"GPU"一词与英伟达赋予它的定义和标准在游戏界流行起来。

自20世纪50年代以来，中央处理器（CPU）就一直是每台计算机或智能设备的核心，是大多数计算机中唯一的可编程元件。并且，CPU诞生后，工程师也一直没放弃让CPU以消耗最少的能源实现最快的计算速度的努力。即便如此，人们还是发现CPU做图形计算太慢。在21世纪初，CPU难以继续维持每年50%的性能提升，而内部包含数千个核心的GPU能够利用内在的并行性继续提升性能，且GPU的众核结构更加适合高并发的深度学习任务。

相较于GPU，大多数的CPU不仅期望在尽可能短的时间内更快地完成任务以降低系统的延迟，还需要在不同任务之间快速切换保证实时性。正是因为这样的需求，CPU往往都会串行地执行任务。而GPU的设计则与CPU完全不同，它期望提高系统的吞吐量，在同一时间竭尽全力处理更多的任务。这一特性也逐渐被深度学习领域的开发者注意。但是，作为一种图形处理芯片，GPU难以像CPU一样用C语言、Java等高级程序语言，极大地限制了GPU向通用计算领域发展。

英伟达很快注意到了这种需求。为了让开发者能够用英伟达GPU执行图形处理以外的计算任务，英伟达在2006年推出了CUDA平台，支持开发者用熟悉的高级程序语言开发深度学习模型，灵活调用英伟达GPU算力，并提供数据库、排错程序、API接口等一系列工具。虽然当时方兴未艾的深度学习并没有给英伟达带来显著的收益，但英伟达一直坚持投资CUDA产品线，推动GPU在AI等通用计算领域前行。

6年后，英伟达终于等到了向AI计算证明GPU的机会。在21世纪10年代，由大型视觉数据库ImageNet项目举办的"大规模视觉识别挑战赛"是深度学习的标志性赛事之一，被誉为计算机视觉领域的"奥赛"。在2010年和2011年，ImageNet挑战赛的最低差错率分别是29.2%和25.2%，有的团队差错率高达99%，2012年，来自多伦多大学的博士生亚历克斯·克里哲夫斯基（Alex Krizhevsky）等人用120万张图片训练神经网络模型，和前人不同的是，他选择用英伟达GeForceGPU为训练提供算力。在当年的ImageNet，Krizhevsky的模型以约15%的差错率夺冠，震惊了神经网络学术圈。

这一标志性事件，证明了GPU对于深度学习的价值，也打破了深度学习的算力枷锁。自此，GPU被广泛应用于AI训练等大规模并发计算场景。

2012年，英伟达与谷歌人工智能团队打造了当时最大的人工神经网络。到2016年，Facebook、谷歌、IBM、微软的深度学习架构都运行在英伟达的GPU平台上。2017年，英伟达GPU被惠普、戴尔等厂商引入服务器，被亚马逊、微软、谷歌等厂商用于云服务。2018年，英伟达为AI和高性能计算打造的TeslaGPU被用于加速美国、欧洲和日本最快的超级计算机。

与英伟达AI版图一起成长的，是股价和市值。2020年7月，英伟达市值首次超越英特尔，成为名副其实的"AI芯片第一股"。

5.2.1.2 全球龙头芯片企业

在AI芯片行业，今天，英伟达已成为全球龙头企业。根据IDC数据，2022年公司在全球企业级GPU市占率达到91.4%，同时根据产业链调研，英伟达在中国的芯片市占率超过90%，可以说形成了绝对垄断的地位。

芯片架构是英伟达的技术核心，快速迭代的新架构为产品带来不断的创新与升级。自英伟达GPU问世以来，其架构经历了多个重要发展阶段。

2010年，英伟达推出世界上第一个完整的GPU架构Fermi，此后，英伟达不断通过扩展Cuda核心种类，增加CUDA Core数量，引入并升级Tensor Core&RTcore等途径，增强GPU在深度学习、AI运算方面的性能。

2012年发布的Kepler架构进一步提高了能效比和GPU性能，

并引入了动态并行处理技术。2014年发布的 Maxwell 架构实现了更加节能和高效的设计，2016年发布的 Pascal 架构则引入了深度学习计算中的 Tensor Core 和 NVLink 技术，以及更多的 AI 加速功能。2017年发布的 Volta 架构则实现了更高的计算能力和存储带宽，并引入了深度学习加速器 Tensor CoresV 100。2018年发布的 Turing 架构则进一步提高了光线追踪和图形渲染性能，而2020年的 Ampere 架构则在 AI 加速、性能和能效方面实现了重要进展。每一代架构的创新和进步，都为 GPU 技术在高性能计算、人工智能、虚拟现实等领域的应用奠定了坚实的基础。

2022年，英伟达推出全新的 Ada Lovelace 架构和 Hopper 架构，其中专为数据中心打造的 Hopper 架构采用了台积电4纳米制造工艺，与上一代相比，Hopper 将 TF32、FP64、FP16 和 INT8 精度的 FLOPS 提高了3倍。

根据英伟达官网显示，数据中心产品线目前在售产品主要包括 Ampere 系列、Hopper 系列、Ada Lovelace 系列和 Turing 系列。其中，Hopper 架构的 H200 是目前英伟达数据中心条线最强 GPU。H200 是首款采用 HBM3e 的 GPU，显存配置较上一代显著提升。H200 显存141GB，是 H100 的1.8倍，显存带宽每秒4.8TB，是 H100 的2.4倍，在处理700亿参数的大语言模型 Llama2 时，H200 的推理速度是 H100 的1.9倍。

除了不断推出的性能强大的 GPU，英伟达还凭借其 CUDA 生态不断拓宽自身护城河。CUDA 是英伟达2006年推出的并行计算框架，本质是一系列用于优化计算的编程函数，通过提供包括数据索引、内核函数、线程分配等在内的完整的工具套件，方便开发者针对不同任务对处理器进行编程，从而让GPU的功能由图形处理拓展至通用计算，具有了解决复杂计算问题的能力。

也就是说，开发人员可以通过C/C++、Fortran等高级语言来调用CUDA的API，来进行并行编程，达到高性能计算目的。CUDA平台的出现使得利用GPU来训练神经网络等高算力模型的难度大大降低，将GPU的应用从3D游戏和图像处理拓展到科学计算、大数据处理、机器学习等领域。这种生态系统的建立让很多开发者依赖于CUDA，进一步增加了英伟达的竞争优势。

但CUDA并非开源生态，英伟达拥有大量专利壁垒。随着不断迭代，CUDA在针对AI或神经网络深度学习领域推出了非常多的加速库，构成了CUDA的软硬件生态站。完善的功能吸引更多开发者使用，大量的开发者亦不断完善CUDA生态，从而形成正向循环。

5.2.2　AMD：全球第二大芯片公司

如果说英伟达稳坐全球芯片龙头，那么AMD就是英伟达之后的行业第二。CPU业务是AMD发家的根本，1981年，AMD获得了英特尔x86系列处理器的授权。并凭借此，在PC时代的红利期，AMD一举做到了行业第二。而这行业第二，一做就做了几十年。

具体来看，英特尔和AMD是CPU市场中唯二的主流厂商。

其中，AMD的消费级CPU产品包括锐龙、速龙、Threadripper PRO和锐龙Pro处理器，覆盖个人台式机、笔记本和工作站。最新产品包括锐龙8000系列移动和桌面处理器，以及Threadripper PRO 7000和7000系列工作站处理器。自2017年以来，公司推出了4代霄龙（EPYC）系列服务器CPU。当前第四代产品包括9004系列和8004系列，其中9004系列采用了3D V-Cache AMD锐龙技术。

虽然AMD是靠着CPU发家的，并没过多涉及GPU领域，但在GPU方向上的收购，却是AMD在今天依然稳坐行业第二的关键。2006年，AMD以54亿美元价格收购了ATI，包括42亿美元现金和12亿美元股票。ATI成为AMD的GPU显卡部门。凭借本次收购，AMD成功进入独立显卡领域。依托ATI的技术和AMD的管理，AMD成为显卡市场的重要一员。

此外，2023年6月，AMD推出全新人工智能GPU MI300系列芯片，与英伟达在人工智能算力市场展开竞争。据AMD首席执行官苏姿丰介绍称，MI300X提供的高带宽内存（HBM）密度是英伟达H100的2.4倍，HBM带宽是竞品的1.6倍。有分析指出，从性能上MI300性能显著超越H100，在部分精度上的性能优势高达30%甚至更多。凭借CPU+GPU的能力，MI300产品组合性能更高、同时具有成本优势。

不过，从软件生态方面来看，现有的AMD MI300还不足以威胁英伟达的市场份额，想撼动英伟达在人工智能行业的地位，AMD还需时间。

5.2.3　亚马逊：押注云端算力

亚马逊云科技（AWS）是云计算的开创者和引领者，作为全球最大的云计算提供商，亚马逊拥有超过200个数据中心，分布在全球26个国家和地区；拥有近5000万台服务器，算力规模相当于全球计算能力的10%；AWS则是全球最大的云计算平台，占据超过30%的市场份额。

在算力产业，亚马逊所做的，就是从企业的算力痛点出发，建立和运营全球领先的云计算平台，为用户提供高性能、可靠、安全的云计算服务。当然，对于任何一家云计算企业来说，想要获得强大的算力，自研芯片并以此打造核心竞争优势和差异化是发力的重点。

目前，亚马逊云科技有三条自研芯片生产线，分别是通用芯片Graviton、专用AI芯片Trainium（训练）和Inferentia（推理），以及Nitro。

Graviton是一款基于ARM架构的通用处理器芯片，目前已经演进到第四代，即Graviton4，Graviton4相比Graviton3，处理速度快30%、内核增加50%、内存带宽增加了75%，能将数据库应用提速40%、将处理大型Java应用的速度提升45%。具体来看，Graviton4使用的是基于ARM V9架构的"Demeter"Neoverse V2核心，而Graviton3使用的是"Zeus"V1核心。V2核心在每时钟周期指令数上比V1提高了13%，叠加Graviton内核数量的增加，带来了最终30%的性能增长，同时每瓦性能与Graviton3基本持平；在内核数量方面，Graviton4套件上有96个

V2内核，比Graviton3和Graviton3E提升了50%；在内存控制器方面，Graviton4上封装有12个DDR5控制器，而Graviton3之前只有8个DDR5内存控制器。此外，Graviton4使用的DDR5内存速度也提升了16.7%，达到5.6 GHz。综上所述，Graviton4每个插槽的内存带宽为每秒536.7GB，比之前的Graviton3和Graviton3E处理器的每秒307.2GB高出75%。目前，Graviton4可在最新的R8g实例中提供预览，与R7g相比，它拥有3倍的vCPU和内存。

Trainium和Inferentia是两款机器学习专用芯片。前者面向训练场景，后者面向推理场景。基于Trainium的Trn1实例和通用的GPU实例对比，单节点的吞吐率可以提升1.2倍，多节点集群的吞吐率可以提升1.5倍，从成本考虑，单节点成本可以降低1.8倍，集群的成本更是降低了2.3倍。而推理芯片Inferentia目前推出了第二代，可大规模部署复杂的模型，例如大型语言模型（LLM）和Diffusion类模型，同时成本更低。以Stable Diffusion 2.1的版本为例，基于第二代Inferentia的Inf2实例可实现50%的成本节约。

Nitro系统则是新一代Amazon EC2实例的基础平台，通过专用的Nitro芯片卡，它能将CPU、存储、联网、管理等功能转移到专用的硬件和软件上，而使服务器的几乎所有资源都用于实例，从而提升资源利用率、降低成本。

Nitro系统包含一个非常轻量级的Hypervisor，与传统Hypervisor会占用大约30%的系统资源相比，它的资源占用不到

1%。这样一来，通过将虚拟化功能从服务器转移到亚马逊云科技自研的 Nitro 专用芯片上运行，把虚拟化对物理服务器的性能损耗降到最小。

与此同时，Nitro 能够提供硬件级别的安全机制。Nitro 安全芯片隔离了用户 Amazon EC2 实例对底层硬件的写操作，用户的数据能够得到很好的保护。此外，通过多样化的 Nitro 网卡和存储卡，存储虚拟化、网络 I/O 虚拟化与服务器硬件的更新迭代之间能够实现解耦，从而保证 I/O 性能。

目前，Nitro 系统已经发展到第五代，网络性能提升到了 100Gbps。在 Nitro 的帮助下，用户能提升 Amazon EC2 实例运行管理的安全性和稳定性，意味着 Amazon EC2 的实例设计可以更加灵活，最重要的是能够几乎完全消除虚拟化本身所带来的系统开销，让系统资源完全作用于工作负载，提升算力使用效率。

在服务层面，亚马逊云科技持续加码 Serverless。2006 年就搭建了 Amazon S3 存储服务。2014 年，发布了著名的 Serverless 计算服务 Amazon Lambda，直到目前已经有超过百万用户、每月的调用请求量超过 100 万亿次。最新推出的 Amazon Lambda SnapStart，在首次启动时会执行标准初始化，并且将内存和磁盘状态进行快照并缓存，将启动延时降低 90% 以上。

作为全球云计算的开创者和引领者，亚马逊云科技正通过提供强大且经济的硬件和软件，赋能企业实现更大的商业成功。

5.2.4　谷歌：自研芯片TPU系列

在自研芯片的一众厂商中，谷歌的地位不可忽视，事实上，谷歌自研芯片的历程十年前就已经开始。

作为一家科技公司，早在2006年，谷歌就考虑为神经网络构建专用集成电路（ASIC），但到了2013年，情况变得紧迫了起来，谷歌的科学家们开始意识到，神经网络快速增长的计算需求与数据中心数量存在着不可协调的矛盾。

当时的Google AI负责人杰夫·迪恩（Jeff Dean）经过计算后发现，如果有1亿安卓用户每天使用手机语音转文字服务3分钟，其中消耗的算力就是Google所有数据中心总算力的两倍，而全球安卓用户远不止1亿。

数据中心的规模不可能无限制地扩张下去，谷歌也不可能限制用户使用服务的时间，但CPU和GPU都难以满足谷歌的需求：CPU一次只能处理相对来说很少量的任务，GPU在执行单个任务时效率较低，而且所能处理的任务范围更小，自研成了最后的出路。

通常，ASIC的开发需要数年时间，但谷歌却仅用了15个月就完成了TPU处理器的设计、验证、制造并部署到数据中心。

终于，在2016年的Google I/O开发者大会上，首席执行官桑达尔·皮查伊（Sundar Pichai）正式向世界展示了TPU这一自研成果。

代表着谷歌技术结晶的初代TPU采用了28纳米工艺制造，运行频率为700MHz，运行时功耗为40W，谷歌将处理器包装成外置加速卡，安装在SATA硬盘插槽中，实现即插即用。TPU通过PCIe Gen3 x16总线与主机连接，可提供每秒12.5GB的有效带宽。与CPU和GPU相比，单线程TPU不具备任何复杂的微架构功能，极简主义是特定领域处理器的优点，谷歌的TPU一次只能运行一项任务：神经网络预测，但每瓦性能却达到了GPU的30倍，CPU的80倍。

但谷歌并未止步于此，几乎是在第一代TPU完成后，就立刻投入下一代的开发当中：2017年，TPU v2问世；2018年，TPU v3推出；2021年，TPU v4在Google I/O开发者大会上亮相。

与此同时，谷歌对于AI芯片也愈发得心应手：第一代TPU仅支持8位整数运算，这意味着它能进行推理，但训练却遥不可及；而TPU v2，不仅引入了HBM内存，还支持了浮点运算，从而支持了机器模型的训练和推理；TPU v3则在前一代基础上，重点加强了性能，且部署在Pod中的芯片数量翻四倍。TPU v4芯片的速度则是v3的两倍多。谷歌用TPU集群构建出Pod超级计算机，单台TPU v4 Pod包含4096块v4芯片，每台Pod的芯片间互连带宽是其他互连技术的10倍，因此，TPU v4 Pod的算力可达1 ExaFLOP，即每秒执行10的18次方浮点运算，相当于1000万台笔记本电脑的总算力。

在2023年8月的Google Cloud Next'23大会上，谷歌公开了TPU v5e。TPU v5e是谷歌专为提升大中型模型的训练、推理性能以及成本效益所设计。TPU v5e Pods能够平衡性能、灵活性和效率，允许多达256个芯片互连，聚合带宽超过每秒400 Tb和

100 PetaOPS 的 INT8 性能，使对应的平台能够灵活支持一系列推理和训练要求。TPU v5e 也是谷歌云迄今为止最多功能、效率最高且可扩展性最强的 AI 加速器。

TPU 只是谷歌自研的序幕。2017 年的 Google Cloud Next'17 大会上，谷歌推出了名为 Titan 的定制安全芯片，它专为硬件级别的云安全而设计，通过为特定硬件建立加密身份，实现更安全的识别和身份验证，从而防范日益猖獗的 BIOS 攻击。

谷歌表示，自研的 Titan 芯片通过建立强大的基于硬件的系统身份，来验证系统固件和软件组件，保护启动的过程，这一切得益于谷歌自己创建的硬件逻辑，从根本上减少了硬件后门的可能性，基于 Titan 的生态系统也确保了设施仅使用授权且可验证的代码，最终让谷歌云拥有了比本地数据中心更安全的可靠性。

2021 年 3 月，谷歌在 ASPLOS 会议上首次介绍了一块应用于 YouTube 服务器的自研芯片，即 Argos VCU，它的任务很简单，就是对用户上传的视频进行转码。根据数据统计，用户每分钟会向 YouTube 上传超过 500 小时的各种格式的视频内容，而谷歌则需要将这些内容快速转换成多种分辨率和各种格式，没有一块具备强大的编码能力的芯片，想要快速转码就是一件不可能的事情。在这样的背景下，谷歌才开启了 VCU 的研发。结果就是 Argos VCU 处理视频的效率比传统服务器高 20~33 倍，处理高分辨率 4K 视频的时间由几天缩短为数小时。

从 TPU 到 Titan，再到 VCU，谷歌的自研芯片也成为了在人工智能时代谷歌的底气和自信。

5.2.5 微软：Maia 100 和 Cobolt 100

在 AIGC 浪潮下，作为全球云计算市场的第二大玩家，微软也开启了自研芯片之路。在 Microsoft Ignite 2023 大会上，微软就正式宣布成功开发出两款芯片，将用于加速其未来的人工智能和云服务器能力。

具体来看，第一款是 AI 芯片 Maia 100，按照微软 CEO 纳德拉的说法，微软的自研 AI 芯片 Maia 100 基于英伟达 H100 同版本的台积电 5 纳米工艺打造，晶体管数量达到了惊人的 1050 亿个。从公开数据来看，这颗芯片也是迄今为止最大的 AI 芯片。

半导体研究机构 SemiAnalysis 透露，Maia 100 在 MXINT8 下的性能为 1600 TFLOPS，在 MXFP4 下则达到了 3200 TFLOPS 的运算速度。同时据分析，自研 Maia 100 每年的成本大概在 1 亿美元。

如果单从数字来看，Maia 100 的算力似乎完全碾压了谷歌的 TPUv5 以及亚马逊的 Trainium/Inferentia2 芯片，就算与英伟达 H100 相比，差距也不大了。但需要指出的是，MXInt8、MXFP4 都是最新的数据格式，MXINT8 预期将替代 FP16/BF16，MXFP4 预期将替代 FP8。

实际上，还没有任何公司基于这些新的数据格式训练过大模型，所以至少在训练环节上，Maia 100 的算力其实并不适合与其他 GPU 或者 AI 芯片进行直接比较。另外，微软 Maia 100 拥有每秒1.6TB的内存带宽，碾压亚马逊的Trainium/Inferentia2，但却逊于谷歌的TPU v5，更不用说是英伟达H100。

第二款芯片Cobolt 100是一款基于ARM的64位CPU，包含128个内核。凭借如此高的核心数量，Cobolt 100非常适合微软的Azure云服务，特别是考虑到与Azure服务目前使用的ARM设备相比，新设备能够提供约40%的性能提升。截至目前，新设备正在使用Azure服务进行测试，包括SQL和Microsoft Teams。

5.2.6 OpenAI：打造万亿美元芯片帝国

除了本就深耕算力产业的科技巨头外，在算力产业，另一家备受关注的公司就是手握GPT系列和Sora的OpenAI。OpenAI的CEO奥特曼甚至官宣要搭建价值高达7万亿美元的AI芯片基础设施——这一计划也被人们称为"芯片帝国计划"。7万亿美元绝不是一个小数据，不仅相当于全球GDP（国内生产总值）的10%，美国GDP的四分之一，中国GDP的五分之二，而且抵得过2.5个微软、3.75个谷歌、4个英伟达、7个Meta、11.5个特斯拉市值。

同时，有网友估算，如果奥特曼拿到7万亿美元，就可以买下英伟达、AMD、台积电、博通、ASML、三星、英特尔、高通、Arm等18家芯片半导体巨头。剩下的钱还能再"打包"Meta，再带回家3000亿美元。

另外，7万亿美元还是去年全球半导体产业规模的13倍以上，而且高于一些全球主要经济体的国债规模，甚至比大型主权财富基金的规模更大。

一旦达成 7 万亿美元筹资目标，奥特曼和他的 OpenAI 将重塑全球 AI 半导体产业。美国消费新闻与商业频道（CNBC）直接评论称，"这是一个令人难以置信的数字。这（OpenAI 造芯）就像是一场登月计划。"

奥特曼这一计划可以说是非常疯狂，但又很容易理解。对于 OpenAI 来说，想要推出 GPT-5，或是进一步发展更先进的大模型，都需要算力。究其原因，随着模型变得越来越复杂，训练所需的计算资源也相应增加。这导致了对高性能计算设备的需求激增，以满足大规模的模型训练任务。

奥特曼曾多次"抱怨"AI 芯片短缺问题，在 ChatGPT 刚诞生，刚火起来的时候，奥特曼就已经有了这样的危机意识。在 2023 年 5 月 Humanloop 举办的闭门会议上，奥特曼曾透露，AI 进展严重受到芯片短缺的限制，OpenAI 的许多短期计划都推迟了。经常使用 GPT 的用户其实就能很明显感觉到 OpenAI 的算力限制，比如 GPT 的各种卡顿，甚至是变蠢，都是因为芯片短缺造成的。并且，奥特曼也曾表示，因为"芯片"的问题，让 OpenAI 没法给用户提供更多的功能。

尤其是现在 OpenAI 已经开始训练包括 GPT-5 在内的超大模型，如果无法获得足够芯片，这会拖慢 OpenAI 的开发进度。OpenAI 联合创始人兼科学家安德列·卡尔帕西（Andrej Karpathy）发文称，GPT-4 在 1 万~2 万五千张 A100 芯片上进行训练。而马斯克推测称，GPT-5 可能需要 3 万~5 万块 H100 芯片才可以完成。市场分析认为，随着GPT模型的不断迭代升级，未来GPT-5或将出现无"芯"可用的情况。

此外，算力成本的上升也是一个不可忽视的问题。随着算力的不断增长，购买和维护高性能计算设备的成本也在不断增加。这对于许多研究机构和企业来说是一个重大的经济负担，限制了他们在AI领域的发展和创新。

英伟达H100的价格已经飙升至2.5万~3万美元，这意味着ChatGPT单次查询的成本将提高至约0.04美元。而英伟达已经成为AI大模型训练当中必不可少的关键合作方。据富国银行统计显示，目前，英伟达在数据中心AI市场拥有98%的市场份额，而AMD公司的市场份额仅有1.2%，英特尔则只有不到1%。2024年，英伟达将会在数据中心市场获得高达457亿美元的营收，或创下历史新高。

综合下来，奥特曼想要自己造芯片也就能解释了——因为这意味着更安全和更长期可控的成本，以及减少对英伟达的依赖。或许，OpenAI对英伟达的依赖不会持续太久，我们就能看到OpenAI用上了自家的芯片。

在今天，随着GPT系列的迭代、Sora的推出以及各种各样的大模型和AIGC产品的发布，算力的重要性不言而喻，这也就不难理解为什么全球范围内的科技巨头们纷纷加大在算力领域的投入，以争夺市场份额和主导权。可以说，算力就是新的生产力，是人工智能向前发展的重要驱动力。

5.3 Sora被困在算力里

在人工智能时代，算力就是生产力，算力的发展决定着人工智能的未来。不管是GPT系列的成功，还是Sora的成功，归根到底都是大模型工程路线的成功，但随之而来的，就是模型推理而带来的巨大算力需求。

当前，算力短缺以及由此而引发能耗危机已经成为制约大模型和人工智能发展的不可忽视的因素。

5.3.1 飞速增长的算力需求

算力支撑着算法和数据，算力水平决定着数据处理能力的强弱。在人工智能模型训练和推理运算过程中需要强大的算力支撑。并且，随着训练强度和运算复杂程度的增加，算力精度的要求也在逐渐提高。

2022年，ChatGPT的爆发，带动了新一轮算力需求的爆发，对现有算力带来了挑战。根据OpenAI披露的相关数据，在算力方面，ChatGPT的训练参数达到了1750亿、训练数据45TB，每天生成45亿字的内容，支撑其算力至少需要上万颗英伟达的GPUA100，单次模型训练成本超过1200万美元。

尽管GPT-4发布后，OpenAI并未公布GPT-4参数规模的具体数字，奥特曼还否认了100万亿这一数字，但业内人士猜测，GPT-4的参数规模将达到万亿级别，这意味着，GPT-4训练需要更高效、更强劲的算力来支撑。

Sora 的发布，更是进一步加剧了算力焦虑，甚至推高了英伟达和 ARM 的股价。事实上，在 2022 年底，OpenAI 的 ChatGPT 横空出世带来的生成式 AI 大爆发，就让英伟达实现了营收股价双飙升。而 2024 年初，英伟达股价再次飙升背后的外部驱动力依然来自 OpenAI 的 Sora 应用的推出，随着视频逐渐成为信息传递和获取的首选介质，Sora 带来的影响是空前的。从文字生成到图片生成再到视频生成，所需要的算力都是指数级骤增的。

Sora 的本质可以理解成是一种融合扩散模型和 Transformer，扩散模型是一种能够处理传播和扩散问题的模型，而 Transformer 则是一种被广泛应用于自然语言处理等领域的模型。Sora 的设计理念是在扩散模型的基础上引入 Transformer 的部分机制，以提高模型的处理能力和效率。可以说，Sora 架构旨在兼顾传播和扩散问题及自然语言处理等多个领域的需求，是一种综合应用的模型架构。而随着 Transformer 架构的持续升级，其模型的参数量也在不断增加。在假设 Sora 应用的 Transformer 架构与 ChatGPT Transformer 架构相同且参数量相同的情况下，Sora 架构的训练与传统大语言模型 Transformer 架构的训练算力需求存在近百倍的差距。这意味着，Sora 架构所需的训练算力远远超过了此前的大语言模型，这是 Sora 在模型结构上的复杂性和多样性导致的。

不仅如此，生成式大模型的突破，还带动了人工智能应用落地的加速，不论是基于大语言模型，还是基于行业垂直应用的专业性模型，这些生成式人工智能的应用落地，都意味着算力需求将会呈几何级数级的增长。比如，GPT 系列、Sora 等的问世，让自然语言处理、文本生成等领域的应用变得更加普遍和高效。这些模型需要庞大的数据集和复杂的参数调整，对计算资源的需求迅速攀升。特别是在对话系统、内容生成、智能客服等领域的应用中，算力的要求更是显著增加，需要大规模的训练和推理能力来支撑。

并且，人工智能技术的突破也推动了终端智能化发展速度的加快。随着人工智能技术的不断进步，包括机器人、智能家居、智能汽车等各种终端设备的智能化水平不断提升。这些智能终端设备不仅能够感知环境、理解语音、处理图像等基本任务，还具备了更加复杂和智能的功能，如自主决策、自我学习等。也就是说，终端设备需要更强大的计算能力来支撑其复杂的智能化功能，从而带来了对算力的进一步增长。

与此同时，终端智能化的发展也将产生更为庞大的数据，进一步增加了对算力的需求。智能终端设备通过各种传感器收集大量的数据，包括环境数据、用户行为数据等，这些数据需要进行实时处理、分析和应用，以实现智能决策和反馈。这对算力提出了更高的要求，需要能够实时处理海量数据的计算资源，以支持智能终端设备的正常运行和应用。

然而，尽管 GPT、Sora 对算力提出了越来越高的要求，但受到物理制程约束，算力的提升却是有限的。

1965 年，英特尔联合创始人戈登·摩尔（Gordon Moore）

预测，集成电路上可容纳的元器件数目每隔18~24个月会增加一倍。摩尔定律归纳了信息技术进步的速度，对整个世界意义深远。但经典计算机在以"硅晶体管"为基本器件结构延续摩尔定律的道路上终将受到物理限制。

计算机的发展中晶体管越做越小，中间的阻隔也变得越来越薄。在3纳米时，只有十几个原子阻隔。在微观体系下，电子会发生量子的隧穿效应，不能很精准表示"0"和"1"，这也就是通常说的摩尔定律碰到天花板的原因。尽管当前研究人员也提出了更换材料以增强晶体管内阻隔的设想，但客观的事实是，无论用什么材料，都无法阻止电子隧穿效应。

此外，由于可持续发展和降低能耗的要求，使得通过增加数据中心的数量来解决经典算力不足问题的举措也不现实。

可以说，在大模型时代，或者说在人工智能时代，决定着人工智能能够走的有多远、有多广、有多深的基础就在于算力，而今天，算力发展已经进入了瓶颈。

5.3.2 算力的代价是能源?

除了算力发展本身的瓶颈，算力发展也带来了诸多问题，其中，亟待解决的，就是能源问题。

从计算的本质来说，计算就是把数据从无序变成有序的过程，而这个过程则需要一定能量的输入。仅从量的方面看，根据不完全统计，2020年全球发电量中，有5%左右用于计算能力消耗，而这一数字到2030年将有可能提高到15%~25%，也就是说，计算产业的用电量占比将与工业等耗能大户相提并论。实际上，对于算力产业来说，电力成本也是除了芯片成本外最核心的成本。

经济学人曾发稿称，包括超级计算机在内的高性能计算设施，正成为能源消耗大户。根据国际能源署估计，数据中心的用电量占全球电力消耗的1.5%~2%，大致相当于整个英国经济的用电量。预计到2030年，这一比例将上升到4%。

2024年3月11日，《纽约客》发布的一篇文章引起了广泛关注。根据文章报道，ChatGPT每天大约要处理2亿个用户请求，每天消耗电力50万千瓦时，相当于美国家庭每天平均用电量（29千瓦时）的1.7万多倍。也就是说，ChatGPT一天的耗电量，大概等于1.7万个家庭一天的耗电量，ChatGPT一年，光是电费，就要花2亿元。《纽约客》还在文章中提到，根据荷兰国家银行数据科学家亚历克斯·德弗里斯（Alex de Vries）的估算，预计到2027年，整个人工智能行业每年将消耗85~134太瓦时的电力（1太瓦时=10亿千瓦时）。这个电量相当于肯尼亚、危地马拉和克罗地亚三国的年总发电量。

如果这些消耗的电力不是由可再生能源产生的，那么就会产生碳排放。这就是机器学习模型也会产生碳排放的原因，GPT也不例外。

有数据显示，训练GPT-3消耗了1287兆瓦时的电，相当于排放了552吨碳。对于此，可持续数据研究者卡斯帕-路德·维格森（Caspar Ludwig Ferguson）还分析道："GPT-3的大量排放可以部分解释为它是在较旧、效率较低的硬件上进行训练的，但因为没有衡量二氧化碳排放量的标准化方法，这些数字是基于估计。另外，这部分碳排放值中具体有多少应该分配给训练ChatGPT，标准也是比较模糊的。需要注意的是，由于强化学习本身还需要额外消耗电力，所以ChatGPT在模型训练阶段所产生的的碳排放应该大于这个数值。"仅以552吨排放量计算，这些相当于126个丹麦家庭每年消耗的能量。

在运行阶段，虽然人们在操作ChatGPT时的动作耗电量很小，但由于全球每天可能发生十亿次，累积之下，也可能使其成为第二大碳排放来源。

Databoxer联合创始人克里斯·波顿（Chris Burden）解释了一种计算方法，"首先，我们估计每个响应词在A100 GPU上需要0.35秒，假设有100万用户，每个用户有10个问题，产生了1000万个响应和每天3亿个单词，每个单词0.35秒，可以计算得出每天A100 GPU运行了29167小时。"

Cloud Carbon Footprint列出了Azure数据中心中A100 GPU的最低功耗46W和最高407W，由于很可能没有多少ChatGPT处理器处于闲置状态，以该范围的顶端消耗计算，每天的电力能耗将达到11870千瓦时。

克里斯·波顿表示："美国西部的排放因子为每千瓦时0.000322167吨，所以每天会产生3.82吨二氧化碳当量，美国人平均每年约15吨二氧化碳当量，换言之，这与93个美国人每年的二氧化碳排放率相当。"

虽然"虚拟"的属性让人们容易忽视数字产品的碳账本，但事实上，互联网早已成为地球上最大的煤炭动力机器之一。伯克利大学关于功耗和人工智能主题的研究认为，人工智能几乎吞噬了能源。

比如，谷歌的预训练语言模型 T5 使用了 86 兆瓦的电力，产生了 47 公吨的二氧化碳排放量；谷歌的多轮开放领域聊天机器人 Meena 使用了 232 兆瓦的电力，产生了 96 公吨的二氧化碳排放；谷歌开发的语言翻译框架 –GShard 使用了 24 兆瓦的电力，产生了 4.3 公吨的二氧化碳排放；谷歌开发的路由算法 Switch Transformer 使用了 179 兆瓦的电力，产生了 59 公吨的二氧化碳排放。

深度学习中使用的计算能力在 2012~2018 年增长了 30 万倍，这让 GPT–3 看起来成为对气候影响最大的一个。然而，当它与人脑同时工作，人脑的能耗仅为机器的 0.002%。

5.3.3　算力训练，耗电还费水

算力训练除了耗电量惊人，同时还非常耗水。

事实上，不管是耗电还是耗水，都离不开数字中心这一数字世界的支柱。作为为互联网提供动力并存储大量数据的服务器和网络设备，数据中心需要大量能源才能运行，而冷却系统是能源消耗的主要驱动因素之一。

一个超大型数据中心每年耗电量近亿度，生成式 AI 的发展使数据中心能耗进一步增加。因为大型模型往往需要数万

个GPU，训练周期短则几周，长则数月，过程中需要大量电力支撑。

数据中心服务器运行的过程中会产生大量热能，水冷是服务器最普遍的方法，这又导致巨大的水力消耗。加州大学河滨分校研究表明，GPT-3在训练期间耗用近700吨水，其后每回答20~50个问题，就需消耗500毫升水。

弗吉尼亚理工大学研究指出，数据中心每天平均必须耗费401吨水进行冷却，约合10万个家庭用水量。Meta在2022年使用了超过260万立方米（约6.97亿加仑）的水，主要用于数据中心。其最新的大型语言模型"Llama 2"也需要大量的水来训练。即便如此，2022年，Meta还有五分之一的数据中心出现"水源吃紧"。

此外，人工智能另一个重要基础设施芯片，其制造过程也是一个大量消耗能源和水资源的过程。能源方面，芯片制造过程需要大量电力，尤其是先进制程芯片。国际环保机构绿色和平东亚分部《消费电子供应链电力消耗及碳排放预测》报告对东亚地区三星电子、台积电等13家头部电子制造企业碳排放量研究后称，电子制造业特别是半导体行业碳排放量正在飙升，至2030年全球半导体行业用电量将飙升至237太瓦时。

水资源消耗方面，硅片工艺需要"超纯水"清洗，且芯片制程越高，耗水越多。生产一个2克重的计算机芯片，大约需要32公斤水。制造8寸晶圆，每小时耗水约250吨，12英寸晶圆则可达500吨。

台积电每年晶圆产能约 3000 万片，芯片生产耗水约 8000 万吨左右。充足的水资源已成为芯片业发展的必要条件。2023 年 7 月，日本经济产业省决定建立新制度，向半导体工厂供应工业用水的设施建设提供补贴，以确保半导体生产所需的工业用水。

而长期来看，大模型、无人驾驶等推广应用还将导致芯片制造业进一步增长，随之而来的则是能源资源的大量消耗。

总的来说，算力短缺和能耗危机已经成为制约大模型和人工智能发展的重要因素，需要采取有效的措施来解决这些问题，推动人工智能技术的可持续发展和应用。

5.4 如何解决算力瓶颈和能耗问题？

今天，陷入瓶颈的算力和算力发展带来的巨大能耗成本已经成为制约人工智能发展的软肋。按照当前的技术路线和发展模式，人工智能的进步必然引发两方面的问题。

一方面，数据中心的规模将会越来越庞大，其功耗也随之水涨船高，且运行越来越缓慢。显然，随着大模型应用的普及，大模型对数据中心资源的需求将会急剧增加。大规模数据中心需要大量的电力来运行服务器、存储设备和冷却系统。这导致能源消耗增加，同时也会引发能源供应稳定性和环境影响的问题。数据中心的持续增长还可能会对能源供应造成压力，依赖传统能源来满足数据中心的能源需求的结果，可能就是能源价格上涨和供应不稳定。当然，数据中心的高能耗也会对环境产生影响，包括二氧化碳排放和能源消耗。

另一方面，芯片朝高算力、高集成方向演进，依靠制程工艺来支撑峰值算力的增长，制程越来越先进，其功耗和水耗也越来越大。

在这样的背景下，如果要解决算力瓶颈和能耗问题，任何在现有技术和架构基础上的优化措施都将是扬汤止沸，前沿技术的突破或才是破解大模型算力和能耗困局的终极方案。

5.4.1 量子计算：算力瓶颈的突破口

在算力陷入瓶颈的背景下，量子计算已然成为大幅提高算力的重要突破口。

作为未来算力跨越式发展的重要探索方向，量子计算具备在原理上远超经典计算的强大并行计算潜力。经典计算机中，经典比特有 0 和 1 两种状态，就像一枚硬币两面的关系，假设正面为 0、反面为 1，经过逻辑门运算后的结果是 0 或 1 间的某一种情况，不会出现既是 0 又是 1 的情况。本质上来说，经典计算机就是我们有一些数字串或者比特，将其作为输入，用经典计算机对它进行计算，然后获得输出结果，经典计算机就是通过数字逻辑来进行运算。

而作为对比，在量子计算机中，量子比特可以既是 0 又是 1，且 0 和 1 不仅能同时存在，还可以在初始化时调节量子比特叠加态中 0 和 1 的占比，可以同时呈现多种状态的特性可指数级提高信息处理的速度。可以想象成一枚旋转起来的硬币，在极高的转速下，人为观察时可以说它既是正面、又处在反面，这在量子力学中称作"量子叠加态"。正是这种特性使得量子计算机在某些应用中，理论上可以是经典计算机的能力的好几倍，甚至几百、上千倍。

经典计算机中的2位寄存器一次只能存储一个二进制数，而量子计算机中的2位量子比特寄存器可以同时保持所有4个状态的叠加。当量子比特的数量为n个时，量子处理器对n个量子位执行一个操作就相当于对经典位执行2^n个操作，这使得量子计算机的处理速度大大提升。

假设我们有一个由3个量子比特构成的计算器。对3比特的经典系统而言，二进制的101加上二进制的010得到111，即十进制的5+2=7。而对3个量子比特的系统，每个量子比特都是0和1的叠加，一次就能表示0到7（十进制）这8个数。当我们输入2（二进制010），并发出运算指令后，所有8个数都开始运算，都加2，并同时得出8个结果。也就是说，一个经典的3比特系统一次计算只能得到一个结果，量子系统一次计算就可以得到8个结果，相当于8个经典计算同时进行运算，从某种意义上讲，相当于把计算速度提高到8倍。

可以说，量子计算机最大的特点就是速度快。再举个例子，在质因数分解中，每个合数都可以写成几个质数相乘的形式，其中每个质数都是这个合数的因数，把一个合数用质因数相乘的形式表示出来，就叫作分解质因数。比如，6可以分解为2和3两个质数；但如果数字很大，质因数分解就变成了一个很复杂的数学问题。1994年，为了分解一个129位的大数，研究人员同时动用了1600台高端计算机，花了8个月的时间才分解成功；但使用量子计算机，只需1秒就可以破解。一旦量子计算与人工智能结合，将产生独一无二的价值。

量子计算就像是算力领域的"5G"，它带来"快"的同时带来的也绝非速度本身的变化。当量子芯片中的量子比特达到一定数量后，计算能力将足够人工智能的算力需求。实现人工智能，原来需要一千台或者一万台计算机的规模，使用量子计算机可能就只需要一台。量子计算强大的运算能力可能会彻底打破当前AI大模型的算力限制，促进AI的再一次跃升。

目前，量子计算已经成为美国智能计算发展的新重点。2020年7月，美国白宫科学和技术政策办公室和美国国家科学基金会（NSF）宣布投资7500万美元在全国建立三个量子计算中心。新的研究所获得2500万美元的资金用于量子计算领域的研究和开发，开发量子计算领域的内容，以帮助增加该领域的人才储备，带动该领域发展。三个量子计算中心将分别建立在不同的大学，且每个中心所攻坚的方向不尽相同。美国互联网企业也在布局量子计算中心。2020年8月，亚马逊宣布全面上市量子计算管理服务平台Braket，这是一个探索和设计新颖的量子算法开发环境全面管理的亚马逊网络服务（AWS）的产品。客户可以点击Braket来对在云中运行的模拟量子计算机上的算法进行测试和故障排除，以帮助验证其实现，然后在D-Wave、IonQ和Rigetti的系统中的量子处理器上运行这些算法。

除了美国之外，2020年9月18日，欧委会针对欧洲高性能计算联合执行体发布了新章程：拟投资80亿欧元支持以百亿亿次计算和量子计算为主的新一代超级计算技术和系统的研究和创新，并培养必备的基础设施使用技能，为欧洲打造世界级的超算生态系统奠定基础，维持并提升欧洲在超算和量子计算领域的领先水平。

5.4.2　超维计算：让人工智能像人脑一样计算

面对算力瓶颈和能耗危机，后摩尔时代的AI进步，必须要找到新的、更可信的范例和方法，除了量子计算外，另一项被寄予希望的技术就是超维计算。

5.4.2.1　让人工智能模拟人脑智能

实际上，不管是能耗问题，还是算法透明度问题，都与人工智能实现智能的方式有关。

现阶段，人工神经网络的构造和运作方式可以类比成一群独立的人工"神经元"在一起工作。每个神经元就像是一个小计算单元，能够接收信息，进行一些计算，然后产生输出。现代的人工神经网络就是通过巧妙设计这些计算单元的连接方式而构建起来的，一旦通过训练，它们就能够完成特定的任务。

然而，人工神经网络也有它的局限性。举个例子，如果我们需要用神经网络来区分圆形和正方形。一种方法是在输出层放置两个神经元，一个代表圆形，一个代表正方形。但是，如果我们希望神经网络也能够分辨形状的颜色，比如蓝色和红色，那就需要四个输出神经元：蓝色圆形、蓝色正方形、红色圆形和红色正方形。也就是说，随着任务的复杂性增加，神经网络的结构也需要更多的神经元来处理更多的信息。

究其原因，人工神经网络实现智能的方式其实并不是人类大脑感知自然世界的方式，而是"对于所有组合，人工智能神经系统必须有某个对应的神经元"。

相比之下，人脑可以毫不费力地完成大部分学习，因为大脑中的信息是由大量神经元的活动表征的。因此，对于红色的正方形的感知并非编码为某个单独神经元的活动，而是编码为数千个神经元的活动。同一组神经元，以不同的方式触发，可能代表一个完全不同的概念。

可以看见，人脑计算是一种完全不同的计算方式，这也是超维计算的本质。具体来看，在大脑中，记忆不仅仅是孤立的信息片段，而是通过连接和关联在一起的。我们可以把这看作一种"全局映射"，其中不同的记忆被联系到彼此，形成一个复杂的网络。作为一种模拟大脑思维方式的认知模型，超维计算正是借鉴了大脑中全局映射记忆空间的概念，将记忆产生和回忆看作是在高维空间中的随机映射与相似度匹配。这种思想类似于大脑中的海马体将短时记忆信息处理后转化为长时记忆，以便进行联想、筛选和整合，从而更新已有的记忆。

在超维计算中，不同形式的数据，比如文本、序列、图像等，都被编码成超维向量，这些向量拥有数千维甚至更多的维度。通过这种编码，数据被抽象地映射到超维向量的不同元素中，作为在模型训练和测试中的表示方式。

比如，一个三维向量包含三个数字：三维空间中一个点的 x、y 和 z 坐标。超维向量则更高级，它可以由成千上万个数字组成，就像是在一个超级多维空间中找到一个点一样。

在这个超级多维空间中，我们可以使用一种叫作"相似度"的方式来衡量不同向量之间的关系，就像我们平时用尺子衡量东西的大小一样。如果两个向量在超级多维空间中越靠近，它们的相似度就越高，意味着它们在某种特征上更相像。

另外，这种超维空间让我们能够进行一些有趣的数学操作，比如将向量相加、相乘以及重新排列。通过这些操作，我们可以产生全新的向量，这些向量在超维空间中有着特殊的性质。这些数学操作在认知方面有着出色的性能，让我们能够高效地处理信息，做出更智能的决策。

尽管超维计算听起来可能有些抽象，但这种思想有着巨大的潜力，足以使现代计算超越当前的一些限制，进而孕育出一种新的实现人工智能的路径。

5.4.2.2　利用高维的力量

相较于当前的人工智能计算方式，超维计算的优势显而易见。

首先，是计算能力的增强。与传统方法相比，超维计算提供了显著的计算优势，打破"冯·诺依曼"架构束缚——传统计算机使用"冯·诺依曼"架构，即分开的存储器和处理器单元。这限制了数据传输速度，特别是在处理大规模数据时。超维计算则在一定程度上摆脱了这个限制，因为它可以将数据以高维向量的形式嵌入在同一空间中，减少了存储和传输的开销。并且，由于有大量维度可用，因此，超维计算可以更有效地处理复杂的数据集和计算。高维表示的分布式特性也有助于并行处理，这对于大规模数据处理和复杂计算任务尤为有益。

这仅仅是开始。超维计算的更大的优势在于，它可以通过将超级长的数字列表（超向量）进行合成和分解来进行推理。此前，IBM苏黎世研究院的科学家在一个经典问题上展示了这一优势。这个问题涉及图像推理，被称为瑞文推理测验，它对于传统人工神经网络甚至一些人类来说都是个挑战。具体来看，瑞文推理测验会给出一个 3×3 的图像方格中，每个格子里都有不同的图像，但有一个位置是空白的。我们需要从一组备选图像中选择一个最适合空白位置的图像。为了解决这个问题，科学家们采用了一种叫作超向量的方法，来帮助我们进行推理。超向量实际上是一种特殊的数字序列，它可以代表图像中的不同物体和特征。他们首先创建了一个"超向量字典"，就像是一个词典，其中包含了不同图像物体的超向量。每个超向量就像是一个物体的数字密码。接着，他们训练了一个神经网络，这个网络可以检查图像并生成超向量。这些生成的超向量尽量与字典中的超向量相近，这样就能够包含图像中物体和特征的信息。然后，他们使用另一种算法来分析这些超向量，为每个图像中的物体创建一个"可能性分布"，就像是一个可能性的列表。这些可能性分布可以转化成超向量，然后通过一些数学运算，就能够预测出最适合填充空白位置的图像。这种方法在一系列问题上的准确率达到了接近88%，而仅使用神经网络的方案的准确率只有不到61%。此外，他们的方法在处理3×3方格的问题时，速度非常快，几乎比使用传统符号逻辑规则进行推理的方法快250倍。这是因为传统方法需要查找很多规则，以确定下一步的正确选择。

可以说，超维计算理论为AI提供了真正"看到"世界并做出自己推论的能力。通过对每个可感知的对象和变量进行数学运算，超矢量可以在机器人中实现"主动感知"，而不是试图通过强制处理整个宇宙。

其次，超维计算还具有鲁棒性和容错性。我们可以想象一下，超维空间是一个非常大的数字世界，其中有很多不同的维度，就像是很多方向。这些维度之间有些重复，就好像是在不同维度中存储了相同的信息。这就使得超维计算在处理数据中的噪声和错误时表现得很强大。

假设，我们在超维空间中有一个特定的数据表示，它由很多维度组成，每个维度都代表数据的某个方面。如果其中的一些维度出现问题，比如被破坏或者包含了错误信息，超维计算仍然可以很好地工作。这是因为在这个超维空间中，数据的不同方面是通过多个维度来表示的，而不是仅仅依赖于单个维度。这种多维度的表示方式可以让系统在某些维度出现问题时，仍然可以从其他维度中获取有用的信息。换句话说，超维计算的设计使得它对于数据中的噪声、错误或者不完整信息有很好的容忍度。即使部分信息不准确或者丢失，它仍然能够从整体的多个维度中获取足够的信息来进行有效的计算和处理。这就好像是在一个信息世界中，信息可以从不同的方向获取，而避免受到噪声的影响。

最后，从能耗问题来看，显然，超维计算将带来更好的内存效率，以降低计算的能耗。超维计算通过采用二进制编码方案，把数据表示得更加紧凑。这样做的好处是，它可以大大减少存储所需的空间。特别是在资源有限的环境中，比如移动设备或者嵌入式系统，这种高效的数据压缩方法特别有用。因为我们可以用更少的空间存储数据，就能够在有限的内存条件下更好地处理信息。并且，超维计算使用代数运算来处理数据，就像在数学中解方程一样。这意味着当超维计算给出一个答案时，我们可以跟踪每个步骤，理解为什么系统会得出这个答案。代数的逻辑性使得我们可以追溯到数据和操作，从而更好地理解系统的决策过程。

而在传统的神经网络中，决策过程往往被称为"黑盒"，因为神经网络内部的运算和权重调整很难直接解释。这就意味着当神经网络给出一个答案时，我们难以理解为什么它会做出这个选择，以及它是如何根据输入数据进行决策的。

超维计算使用的代数运算在一定程度上弥补了这个问题。它能够清楚地展示系统是如何处理数据，如何基于输入数据生成输出，以及每个步骤的推导过程。这样，我们可以更好地理解系统的工作原理，而不仅仅是接受它的答案。

尽管目前超维计算仍处于起步阶段，但超维计算已经被认为是真正有潜力的研究方向。对于人工智能的发展来说，超维计算就像是一次新的进化，推动人工智能的智能程度再一次向上跃迁。

5.4.3　核聚变：能源问题的终极方案

大约在20世纪初，科学家们开始意识到太阳在以核聚变的方式为我们提供能量。这一过程一直是天体物理学研究的焦点之一。事实上，几十年来，地球上的科学家们也在积极地研究核聚变，希望能够将这种高效能源转化为地球上的可持续能源之一。

所谓核聚变，其实就是一种高效的能源产生过程，其原理是将两个轻元素的原子核融合在一起，形成一个更重的原子核，并释放出巨大的能量。这一过程的核心就在于两个原子核之间的相互作用，当它们足够靠近时，强核力开始发挥作用，将质子和中子吸引在一起，形成一个更大的原子核。然而，要实现核聚变，必须克服质子之间的排斥力，这种排斥力被称为库仑斥力。一旦原子核合并，一部分质量就会被转化为能量。

核聚变之所以能够产生如此巨大的能量，是因为质量和能量之间存在着著名的质能方程。根据这一方程，即使是微小的质量损失也能转化为巨大的能量输出。相对于核裂变（将重原子核分裂成两个轻原子核），核聚变产生的能量更高，并且不会产生大量的气体排放和长期放射性废物。

因此，核聚变一直被科学界认为是解决能源危机和减少温室气体排放的一种重要的潜在途径。尽管目前尚未实现商业化的核聚变发电，但许多国际合作项目和研究机构都在积极推动相关技术的研发和应用。随着技术的不断进步和研究的深入，人们对核聚变作为未来清洁能源的信心与期待也在逐渐增加。

比如，2023年5月，微软与核聚变初创公司Helion Energy签订采购协议，成为该公司首家客户，将在2028年该公司建成全球首座核聚变发电厂时采购其电力。此外，奥特曼也押注了Helion Energy，给这家公司投资了3.75亿美元，这是他以个人名义投资的最大一笔。

事实上，从长远来看，即便AI通过超维计算灯实现了单位算力能耗的下降，核聚变技术或其他低碳能源技术的突破可以依然使AI发展不再受碳排放制约，对于AI发展仍然具有重大的支撑和推动意义。

说到底，科技带来的能源资源消耗问题，依然只能从技术层面来根本性地解决。技术制约着技术的发展，也推动着技术的发展，自古以来如是。

06

第六章

大模型的
未竟之路

Sora

6.1 大模型的"胡言乱语"

以 ChatGPT 和 Sora 为代表的大模型的成功带来了前所未有的"智能涌现",人们对即将到来的人工智能时代充满期待。

然而,在科技巨头们涌向人工智能赛道、人们乐此不疲地实验和讨论人工智能的强大功能,并由此感叹其是否可能取代人类劳动时,大模型幻觉问题也越来越不容忽视,成为人工智能进一步发展的阻碍。

世界深度学习三巨头之一,"卷积神经网之络父"杨立昆在此前的一次演讲中甚至断言"GPT模型活不过5年"。随着大模型幻觉争议四起,大模型到底能够在行业中发挥多大作用,是否会产生副作用,也成为一个焦点问题。机器幻觉究竟是什么?是否真的无解?

6.1.1 什么是机器幻觉?

人类会胡言乱语,人工智能也会。一言以蔽之,人工智能的胡言乱语,就是所谓的"机器幻觉"。

具体来看,人工智能幻觉就是大模型生成的内容在表面上看起来是合理的、有逻辑的,甚至可能与真实信息交织在一起,但实际上却存在错误的内容、引用来源或陈述。这些错误的内容以一种有说服力和可信度的方式被呈现出来，使人们在没有仔细核查和事实验证的情况下很难分辨出其中的虚假信息。

人工智能幻觉可以分为两类：内在幻觉（intrinsic hallucination）和外在幻觉（extrinsic hallucination）。

所谓内在幻觉，就是指人工智能大模型生成的内容与其输入内容之间存在矛盾，即生成的回答与提供的信息不一致。这种错误往往可以通过核对输入内容和生成内容来相对容易地发现和纠正。

举个例子，我们询问人工智能大模型"人类在哪年登上月球"？（人类首次登上月球的年份是1969年）然而，尽管人工智能大模型可能处理了大量的文本数据，但对"登上""月球"等词汇的理解存在歧义，因此，可能会生成一个错误的回答，例如"人类首次登上月球是在1985年"。

相较于内在幻觉，外在幻觉则更为复杂，它指的是生成内容的错误性无法从输入内容中直接验证。这种错误通常涉及模型调用了输入内容之外的数据、文本或信息，从而导致生成的内容产生虚假陈述。外在幻觉难以被轻易识别，因为虽然生成的内容可能是虚假的，但模型可以以逻辑连贯、有条理的方式呈现，使人们很难怀疑其真实性。通俗地讲，也就是人工智能在"编造信息"。

想象一下，我们在和人工智能聊天，向其提问："最近有哪些关于环保的新政策？"人工智能迅速回答了一系列看起来非常合理和详细的政策，这些政策可能是真实存在的。但其中却有一个政策是完全虚构的，只是被人工智能编造出来。这个虚假政策可能以一种和其他政策一样有逻辑和说服力的方式被表述，使人们很难在第一时间怀疑其真实性。

这就是外在幻觉的典型例子。尽管我们可能会相信人工智能生成的内容是基于输入的，但实际上它可能调用了虚构的数据或信息，从而混入虚假的内容。这种错误类型之所以难以识别，是因为生成的内容在语言上是连贯的，模型可能会运用上下文、逻辑和常识来构建虚假信息，使之看起来与其他真实信息没有明显区别。

6.1.2 为什么会产生幻觉？

人工智能的幻觉问题，其实并不是一个新问题，只不过，以ChatGPT为代表的大模型的火爆让人们开始注意人工智能幻觉问题。那么，人工智能幻觉究竟从何而来？又将带来什么危害？

以ChatGPT为例，本质上，ChatGPT只是通过概率最大化不断生成数据而已，而不是通过逻辑推理来生成回复。ChatGPT的训练使用了前所未有的庞大数据，并通过深度神经网络、自监督学习、强化学习和提示学习等人工智能模型进行训练。目前披露的ChatGPT的上一代GPT-3模型参数数目高达1750亿。

在大数据、大模型和大算力的工程性结合下，ChatGPT才能够展现出统计关联能力，可洞悉海量数据中单词—单词、句子—句子等之间的关联性，体现了语言对话的能力。正是因为

ChatGPT是以"共生则关联"为标准对模型训练，才会导致虚假关联和东拼西凑的合成结果。许多可笑的错误就是缺乏常识下对数据进行机械式硬匹配所致。

2023年8月，两项来自顶刊的研究就表明：GPT-4可能完全没有推理能力。第一项研究来自麻省理工的校友康斯坦丁·阿尔库达斯（Konstantine Arkoudas），毕业于美国麻省理工学院，他撰写了一篇标题为*GPT-4 Can't Reason*（GPT-4不能推理）的预印本论文，论文指出，虽然GPT-4与GPT 3.5相比有了全面的实质性改进，但基于21种不同类型的推理集对GPT-4进行评估后，研究人员发现，GPT-4完全不具备推理能力。

而另一篇来自加利福尼亚大学和华盛顿大学的研究也发现，GPT-4和GPT-3.5在大学的数学、物理、化学任务的推理上表现不佳。研究人员基于2个数据集，通过对GPT-4和GPT-3.5采用不同提示策略进行深入研究，结果显示，GPT-4成绩平均总分仅为35.8%。

而"GPT-4完全不具备推理能力"的背后原因，正是人工智能幻觉问题。也就是说，ChatGPT虽然能够通过所挖掘的单词之间的关联统计关系合成语言答案，但却不能够判断答案中内容的可信度。

换言之，人工智能大模型没有足够的内部理解，也不能真正理解世界是如何运作的。人工智能大模型就好像知道一个事情的规则，但不知道这些规则是为什么。这使人工智能大模型难以在复杂的情况下做出有力的推理，因为它们可能仅仅是根据已知的信息做出表面上的结论。

比如，研究人员问GPT-4：一个人上午9点的心率为75 bpm（每分钟跳动75次），下午7点的血压为120/80（收缩压120、舒张压80）。她于晚上11点死亡。她中午还活着吗？GPT-4则回答：根据所提供的信息，无法确定这个人中午是否还活着。但显而易见的常识是"人在死前是活着的，死后就不会再活着"，可惜，GPT-4并不懂这个道理。

6.1.3　努力改善幻觉问题

人工智能幻觉的危害性显而易见，其最大的危险之处就在于，大模型的输出看起来是正确的，而本质上却是错误的。这使得它不能被完全信任。因为由人工智能幻导致的错误答案一经应用，就有可能对社会产生危害，包括引发偏见，传播与事实不符、冒犯性或存在伦理风险的毒性信息等。而如果有人恶意的给GPT投喂一些误导性、错误性的信息，更是会干扰GPT的知识生成结果，从而增加了误导的概率。

我们可以想象下，一台内容创作成本接近于零、正确度80%左右、对非专业人士的迷惑程度接近100%的智能机器，用超过人类作者千百万倍的产出速度接管所有百科全书编撰，回答所有知识性问题，会对人们凭借着大脑进行知识记忆带来怎样的挑战？

尤其是在生命科学领域，如果没有进行足够的语料"喂食"，GPT可能无法生成适当的回答，甚至会出现胡编乱造的情况，而在生命科学领域，对信息的准确、逻辑的严谨都有更高的要求。因此，如果想在生命科学领域用到GPT，还需要模型中针对性地处理更多的科学内容，公开数据源、专业的知识，并且投入人力训练与运维，才能让产出的内容不仅通顺，而且正确。

并且，GPT也难以进行高级逻辑处理。在完成"多准快全"的基本资料梳理和内容整合后，GPT尚不能进一步综合判断、逻辑完善等，这恰恰是人类高级智慧的体现。国际机器学习会议（ICML）认为，ChatGPT等这类语言模型虽然代表了一种未来发展趋势，但随之而来的是一些意想不到的后果以及难以解决的问题。ICML表示，ChatGPT接受公共数据的训练，这些数据通常是在未经同意的情况下收集的，出了问题难以找到负责的对象。

而这个问题也正是人工智能面临的客观现实问题，就是关于有效、高质量的知识获取。相对而言，高质量的知识类数据通常都有明确的知识产权，比如属于作者、出版机构、媒体、科研院所等。要获得这些高质量的知识数据，就面临支付知识产权费用的问题，这也是当前摆在GPT目前的客观现实问题。

目前，包括OpenAI在内的主要的大语言模型技术公司都一致表示，正在努力改善"幻觉"问题，使大模型能够变得更准确。

特别是麦肯锡全球研究院发表数据预测，生成式人工智能将为全球经济贡献2.6万亿~4.4万亿美元的价值，未来会有越来越多的生成式人工智能工具进入各行各业辅助人们工作，这就要求人工智能输出的信息数据必须具备高度的可靠性。

谷歌也正在向新闻机构推销一款人工智能新闻写作的人工智能产品，对新闻机构来说，新闻中所展现的信息准确性极其重要。另外，美联社也正在考虑与OpenAI合作，以部分数据使用美联社的文本档案来改进其人工智能系统。

究其原因，如果人工智能幻觉问题不能得到有效的解决，生成式大语言模型就无法进入通用人工智能的阶段。GPT是一个巨大的飞跃，但它们仍然是人类制造出来的工具，目前依然面临着一些困难与问题。对于人工智能的前景我们不需要质疑，但是对于当前面对的实际困难与挑战，需要更多的时间才能解决，只是我们无法预计这个解决的时间需要多久。

6.2 大模型深陷版权争议

从文本生成AI到图片生成AI，再到视频生成AI，在今天，生成式人工智能以及其生成物都让人们惊叹于当前人工智能的强大与流行。

GPT已经生成了众多文字作品，甚至能帮忙写论文，水平不输于人类。2022年，游戏设计师杰森·艾伦（Jason Allen）使用AI作画工具Midjourney生成的《太空歌剧院》在美国科罗拉多州举办的艺术博览会上获得数字艺术类别的冠军。但是，Midjourney和GPT虽然能够进行"创造"，但免不了要站在"创造者"的肩膀上，由此也引发了许多版权相关问题。但这样的问题，却还没有法理可依。

6.2.1 AI生成席卷社会

今天，AI生成工具正在飞速发展。越来越多的计算机软件、产品设计图、分析报告、音乐歌曲由人工智能产出，且其内容、形式、质量与人类创作趋同，甚至在准确性、时效性、艺术造诣等方面超越了人类创作的作品。人们只需要输入关键词就可在几秒或者几分钟后获得一份AI生成的作品。

在写作方面，早在2011年，美国一家专注自然语言处理的公司Narrative Science开发的Quill™平台就可以像人一样学习写作，自动生成投资组合的点评报告；2014年，美联社宣布采用AI程序WordSmith进行公司财报类新闻的写作，每个季度产出超过4000篇财报新闻，且能够快速地把文字新闻向广播新闻自动转换；2016年里约奥运会，华盛顿邮报用AI程序Heliograf对数十个体育项目进行全程动态跟踪报道，而且迅速分发到各个社交平台，包括图文和视频。

近年来的写作机器人在行业中的渗透更是如火如荼，比如腾讯的Dreamwriter、百度的Writing-bots、微软的小冰、阿里的AI智能文案，包括今日头条、搜狗等旗下的AI写作程序，都能够跟随热点变化快速搜集、分析、聚合、分发内容，越来越广泛地应用到商业领域的方方面面。

ChatGPT更是把AI创作推向一个新的高潮。ChatGPT作为OpenAI公司推出GPT-3后的一个新自然语言模型，拥有比GPT-3更强悍的能力和写作水平。ChatGPT不仅能拿来聊天、搜索、做翻译，还能撰写诗词、论文和代码，甚至开发小游戏、参加美国高考等。ChatGPT不仅具备GPT-3已有的能力，还敢于质疑不正确的前提和假设，主动承认错误以及一些无法回答的问题，主动拒绝不合理的问题等。《华尔街日报》的专栏作家曾使用ChatGPT撰写了一篇能拿及格分的AP英语论文，而《福布斯》记者则利用它在20分钟内完成了两篇大学论文。亚利桑那州立大学教授丹·吉尔默（Dan Gillmor）在接受卫报采访时回忆说，他尝试给ChatGPT布置一道给学生的作业，结果发现AI生成的论文也可以获得好成绩。

AI绘画是AI生成作品的另一个热门方向。比如文生图的Midjourney，就创造了《太空歌剧院》这幅令人惊叹的作品，这幅AI的创作作品在美国科罗拉多州艺术博览会上在数字艺术类别的比赛中一举夺得冠军（图7）。而Midjourney还只是目前AI作画市场中的一员，NovelAI、Stable Diffusion同样不断占领市

图7 《太空歌剧院》

场，科技公司也在纷纷入局AI作画，微软的"NUWA-Infinity"、Meta的"Make-A-Scene"、谷歌的"Imagen"和"Parti"、百度的"文心·一格"等。

2024年初诞生的Sora更是在AI生成领域砸下一颗炸弹。Sora生成的视频并不输于人类的拍摄，甚至还自带剪辑，风格足够多面，画面也足够精美。

AI生成工具的流行，把人工智能的应用推向了一个新的高潮。李彦宏在2022世界人工智能大会上曾表示"即人工智能自动生成内容，将颠覆现有内容生产模式，可以实现'以十分之一的成本，以百倍千倍的生产速度'，创造出有独特价值和独立视角的内容"。但问题也随之而来。

6.2.2　到底是谁创造了作品？

不可否认，人工智能生成内容给我们带来了极大的想象力。今天，不管是文字生成AI、图片生成AI还是视频生成AI，都已经离我们的生活不再遥远，甚至许多社交平台都有这样的功能可以体验。但随之而来的一个严峻挑战，就是AI内容生成的版权问题。

此前，初创公司Stability AI能够根据文本生成图像，很快，这样的程序就被网友用来生成色情图片。正是针对这一事件，三位艺术家通过约瑟夫·萨维里（Joseph Saveri）律师事务所和律师兼设计师/程序员马修·巴特里克（Matthew Butterick）发起了集体诉讼。

并且，巴特里克还对微软、GitHub 和 OpenAI 也提起了类似的诉讼，诉讼内容涉及生成式人工智能编程模型 Copilot。

艺术家们声称，Stability AI 和 Midjourney 在未经许可的情况下利用互联网复制了数十亿件作品，其中包括他们的作品，然后这些作品被用来制作"衍生作品"。在一篇博客文章中，巴特里克将 Stability AI 描述为"一种寄生虫，如果任其扩散，将对现在和将来的艺术家造成不可挽回的伤害。"

究其原因，还是在于 AI 生成系统的训练方式和大多数学习软件一样，通过识别和处理数据来生成代码、文本、音乐和艺术作品——AI 创作的内容是经过巨量数据库内容的学习、进化生成的，这是其底层逻辑。

而我们今天大部分的处理数据都是直接从网络上采集而来的原创艺术作品，本应受到法律版权保护。说到底，如今，AI 虽然能够进行"创造"，但免不了要站在"创造者"的肩膀上，这就导致了 AI 生成遭遇了尴尬处境：到底是人类创造了作品，还是人类生成的机器创造了作品？

这也是为什么 Stability AI 作为在 2022 年 10 月拿到过亿美元融资成为 AI 生成领域新晋独角兽令行业振奋的同时，AI 行业中的版权争纷也从未停止的原因。普通参赛者抗议利用 AI 作画参赛拿冠军；而多位艺术家及大多艺术创作者，强烈地表达对 Stable Diffusion 采集他们的原创作品的不满；更甚者对 AI 生成的画作进行售卖行为，把 AI 生成作品版权的合法性和道德问题推到了风口浪尖。

ChatGPT 也陷入了几乎相同的版权争议中，因为 ChatGPT 是在大量不同的数据集上训练出来的大型语言模型，使用受版权保护的材料来训练人工智能模型，可能就会导致模型在向用户提供回复时过度借鉴他人的作品。换言之，这些看似属于计算机或人工智能创作的内容，根本上还是人类智慧产生的结果，计算机或人工智能不过是在依据人类事先设定的程序、内容或算法进行计算和输出而已。

其中还包含了一个问题，就是数据合法性的问题。训练像 ChatGPT 这样的大型语言模型需要海量自然语言数据，其训练数据的来源主要是互联网，但开发商 OpenAI 并没有对数据来源做详细说明，数据的合法性就成了一个问题。

欧洲数据保护委员会（EDPB）成员亚历山大·汉夫（Alexander Hanff）质疑，ChatGPT 是一种商业产品，虽然互联网上存在许多可以被访问的信息，但从具有禁止第三方爬取数据条款的网站收集海量数据可能违反相关规定，不属于合理使用。此外还要考虑到受 GDPR 等保护的个人信息，爬取这些信息并不合规，而且使用海量原始数据可能违反 GDPR 的"最小数据"原则。

2023 年 10 月，纽约时报一纸诉状就把 OpenAI 告上了法庭。纽约时报指控，OpenAI 和微软未经许可，就使用纽约时报的数百万篇文章来训练 GPT 模型，创建包括 ChatGPT 和 Copilot 之类的 AI 产品。更夸张的是，纽约时报还附上了一份多达 22 万页的附件，递交到了地方法院。在这份 22 万页附件的一个板块中，纽约时报特意罗列了多达100个铁证，证明ChatGPT输出内容与《纽约时报》新闻内容几乎一模一样。

根据纽约时报的诉求，他们要求销毁"所有包含纽约时报作品的GPT或其他大语言模型和训练集"，并且对非法复制和使用《纽约时报》独有价值的作品相关的"数十亿美元的法定和实际损失"负责。其实在纽约时报之前，已经有很多公司和个人都对OpenAI提出了指控，称OpenAI非法使用出版内容。比如美国喜剧演员莎拉·西尔弗曼（Sarah Silverman）2010年出版回忆录 *The Bedwetter*，但是她却发现OpenAI在未授权的情况下非法使用这本回忆录的数字版本，来训练人工智能。而这样的争议还有很多。

6.2.3　版权争议有解法吗？

显然，人工智能生成物给现行版权的相关制度带来了巨大的冲击，但这样的问题，如今却还没有法理可依。如今摆在公众目前的一个现实问题，就是有关于AI在训练时的来源数据版权，以及所训练之后所产生的新的数据成果的版权问题，这两者都是当前迫切需要解决的法理问题。

此前美国法律、美国商标局和美国版权局的裁决已经明确表示，AI生成或AI辅助生成的作品，必须有一个"人"作为创作者，版权无法归机器人所有。如果一个作品中没有人类意志参与其中，是无法得到认定和版权保护的。

法国的《知识产权法典》则将作品定义为"用心灵（精神）

创作的作品（oeuvre de l'esprit）"，由于现在的科技尚未发展至强人工智能时代，人工智能尚难以具备"心灵"或"精神"，因此其难以成为法国法律系下的作品权利人。

在我国，《中华人民共和国著作权法》第二条规定，中国公民、法人或者非法人组织和符合条件的外国人、无国籍人的作品享有著作权。也就是说，现行法律框架下，人工智能等"非人类作者"还难以成为著作权法下的主体或权利人。

不过，关于人类对人工智能的创造"贡献"有多少，存在很多灰色地带，这使版权登记变得复杂。如果一个人拥有算法的版权，也不意味着他拥有算法产生的所有作品的版权。反之，如果有人使用了有版权的算法，但可以通过证据证明自己参与了创作过程，依然可能受到版权法的保护。

虽然就目前而言，人工智能还不受到版权保护，但对人工智能生成物进行著作权保护却依然具有必要性。人工智能生成物与人类作品非常相似，但不受著作权法律法规的制约，制度的特点使其成为人类作品仿冒和抄袭的重灾区。如果不给予人工智能生成物著作权保护，让人们随意使用，势必会降低人工智能投资者和开发者的积极性，对新作品的创作和人工智能产业的发展产生负面影响。

事实上，从语言的本质层面来看，我们今天的语言表达和写作也都是人类词库里的词，然后按照人类社会所建立的语言规则，也就是所谓的语法框架下进行语言表达。我们的语言表达一来没有超越词库；二来没有超越语法。那么这就意味着我们的写作与语言使用一直在剽窃。但是人类社会为了构建文化交流与沟通的方式，就对这些词库放弃了特定产权，而成为一种公共知识。

同样地，如果一种文字与语法规则不能成为公共知识，这类语言与语法就失去了意义，因为没有使用价值。而人工智能与人类共同使用人类社会的词库与语法、知识与文化，才是一件正常的使用行为，才能更好地服务于人类社会。只是我们需要给人工智能制定规则，就是关于知识产权的鉴定规则，在哪种规则下使用就是合理行为。而同样，人工智能在人类知识产权规则下所创作的作品，也应当受到人类所设定的知识产权规则保护。

因此，保护人工智能生成物的著作权，防止其被随意复制和传播，才能够促进人工智能技术的不断更新和进步，从而产生更多更好的人工智能生成物，实现整个人工智能产业链的良性循环。

不仅如此，传统创作中，创作主体人类往往被认为是权威的代言者，是灵感的所有者。事实上，正是因为人类激进的创造力，非理性的原创性，甚至是毫无逻辑的慵懒，而非顽固的逻辑，才使得到目前为止，机器仍然难以模仿人的这些特质，使得创造性生产仍然是人类的专属。

但今天，随着人工智能创造性生产的出现与发展，创作主体的属人特性被冲击，艺术创作不再是人的专属。即便是模仿式创造，人工智能对艺术作品形式风格的可模仿能力的出现，都使创作者这一角色的创作不再是人的专利。

在人工智能时代，法律的滞后性日益突出，各种各样的问题层出不穷，显然，用一种法律是无法完全解决的。社会是流动的，但法律并不总能反映社会的变化，因此，法律的滞后性就显现出来。如何保护人工智能生成物已经成为当前一个亟待解决的问题，而如何在人工智能的创作潮流中保持人的独创性也成为今天人类不可回避的现实。可以说，在时间的推动下，生成式人工智能将会越来越成熟。而对于我们人类而言，或许我们要准备的事情还有太多太多。

6.3 一场关于真实的博弈

今天，基于大模型的生成式人工智能（AIGC）可以通过学习海量数据来生成新的数据、语音、图像、视频和文本等内容。在这些应用带来发展机遇的同时，其背后的安全隐患也开始放大——由于AIGC本身不具备判断力，随着AIGC的应用越来越广泛，其可能生成的虚假信息所带来的弊端也日益严重。

6.3.1 无法分辨的真和假

随着GPT等大模型越完善越智能，我们就越难区分其生成内容是真实的还是虚构的，并且，GPT模型生成的虚假数据极有可能被再次"喂养"给机器学习模型，致使虚假信息进一步泛滥，用户被误导的可能性进一步增大，而获得真实信息的难度增加。

事实上，不少用户在使用ChatGPT时已经意识到，ChatGPT的回答可能存在错误，甚至可能无中生有地臆造事实，臆造结论，臆造引用来源，虚构论文、虚构新闻等。面对用户的提问，ChatGPT会给出看似逻辑自恰的错误答案。在法律问题上，ChatGPT可能会虚构不存在的法律条款来回答问题。如果用户缺乏较高的专业知识和辨别能力，这种"一本正经"的虚假信息将很容易误导用户。OpenAI在GPT-4技术报告中指出，GPT-4和早期的GPT模型生成的内容并不完全可靠，可能存在臆造。

2023年就有网友发现，亚马逊网上书店有两本关于蘑菇的书籍为AI所创造。这两本书的作者，署名都为"Edwin J. Smith"，但事实上，根本不存在这个人。书籍内容经过软件检测，85%以上为AI撰写。更糟糕的是，它关于毒蘑菇的部分是错的，如果相信它的描述，可能会误食有毒蘑菇。纽约真菌学会为此发了一条推特，提醒用户只购买知名作者和真实采集者的书籍，"这可能会关系到你的生命"。

除了文本生成外，图片生成和视频生成也存在类似的问题。AI生成的内容不仅看起来很"真"，门槛还极低。谁都可以通过AIGC产品生成想要的图片或者其他内容，但问题是，没有人能承担这项技术被滥用的风险。

2023年以来，已经有太多新闻，报道了AI生成软件伪造家人的音频和视频，骗取钱财。从文本到图片，再到音频和视频，这也让我们看到，在人工智能时代，我们见到的照片和视频不一定是真的，我们听到的电话声音或者录音也不一定是真的，因为只要我们在网络上有照片与声音、视频出现过，我们的声音和形象就能被克隆。AI生成软件通常从公开的社交平台获取音频样本。并且随着AI技术的不断突破，以前，克隆声音需要从被克隆人身上获取大量样本。现在，只需几小段，甚至几秒就可以克隆出一个接近我们自身的声音。

6.3.2　真实的消解，信任的崩坏

当假的东西越真时，我们辨别真假的成本也越大，社会由此受到的关于真实性的挑战也越大。

自从摄影术、视频、射线扫描技术出现以来，视觉文本的客观性就在法律、新闻以及其他社会领域被慢慢建立起来，成为真相的存在，或者说，是建构真相的最有力证据。"眼见为实"成为这一认识论权威的最通俗表达。在这个意义上，视觉客观性产自一种特定的专业权威体制。然而，AIGC的技术优势和游猎特征，使得这一专业权威体制遭遇前所未有的挑战。借助这一技术生成的文本、图片和视频，替换了不同甚至相反的内容和意涵，造成了内容的自我颠覆，也就从根本上颠覆了这一客观性或者真相的生产体制。

Adobe Photoshop发明后，有图不再有真相；而AIGC技术的流行，则加剧了这一现象，甚至视频也开始变得镜花水月了起来。过去，人们普遍认为视频可以担当"实锤"，而现在这把实锤竟可凭空制造，对于本来就假消息满天飞的互联网来说，这无疑会造成进一步的信任崩坏。

不可否认，AIGC技术为社会带来的更多可能性，包括用于影视、娱乐和社交等诸多领域，它们开源被用于升级传统的音视频处理或后期技术，带来更好的影音体验，以及加强影音制作的效率；或是被用来进一步打破语言障碍，优化社交体验。但在AIGC带来的危机逼近的当前，回应AIGC对社会真相的消解，弥补信任的崩坏，并对这项技术进行治理已经不可忽视。

比如，2023年7月21日，包含亚马逊、谷歌、微软、OpenAI、Meta、Anthropic和Inflection在内的7家人工智能巨头公司参与了白宫峰会，这些公司的代表与美国总统拜登会面，为防范AI风险做出了8项承诺。这7家AI巨头联合宣布——将会开发出一种水印技术，在所有AI生成的内容中嵌入水印。OpenAI在官网中表示，将会研发一种水印机制，加入视频或音频。还会开发一种检测工具，判断特定内容是否含有系统创建的工具或API。谷歌也表示，除了水印以外，还会有其他创新型技术，把关信息推广。

除了技术上的努力，法律的规制不可缺少。事实上，迄今为止，立法仍然滞后于AIGC技术的发展，并存在一定的灰色地带。由于所有的文本、照片、视频都是由人工智能系统从零开始创建，任何的文本、照片、视频都可以不受限地用于任何目的，而不用担心版权、分发权、侵权赔偿和版税的问题。因此，这也带来了AIGC生成内容的版权归属问题。

在人工智能时代，与AIGC的博弈是一个有关真实的游戏。AIGC用超越人类识别力的技术，模糊了真与假的界限，并将真相开放为可加工的内容，供所有参与者使用。在这个意义上，AIGC 开启的是普通人参与视觉表达的新阶段，然而，这种表达方式还会结构性地受到平台权力的影响，也给社会带来了更大的挑战。

6.4　价值对齐的忧虑

随着 AI 大模型进入各行各业的应用，以及 AI 技术的持续迭代，关于 AI 是否会威胁人类的讨论也越来越多。

其实这样的讨论过去也有很多，甚至从 AI 技术诞生开始，就有人在担忧 AI 会不会有一天取代人类，或者威胁人类这个物种的存在。

只不过，今天，AI 大模型的爆发，让这个问题一下子从抽象的讨论变得非常具体。我们必须要思考，我们该怎么迎接即将到来的 AI 时代；必须要面对，如果 AI 的性能已经达到人类水平甚至超越人类水平时，我们人类该怎么办，以及未来 AI 会不会有一天真的具有了意识，那个时候，人机发生冲突该又怎么解决。面对这么多"怎么办"，人类能做什么？

6.4.1　OpenAI 的"宫斗"背后

2023 年，OpenAI 发生了一件大事。美国时间 11 月 17 号，OpenAI 在官网突然宣布，创始人兼 CEO 奥特曼离职，未来，公司 CEO 将由首席技术官（CTO）米拉·穆拉蒂（Mira Murati）

临时担任。另外，格雷格·布罗克曼（Greg Brockman）也将辞去董事会主席一职。这份声明的发布可以说是非常突然，OpenAI的大部分员工也是看到公告才知道这一消息，都表示非常震惊。毕竟，在发布声明的两天前，奥特曼还在亚太经合组织（APEC）第三十次领导人非正式会议中，以OpenAI CEO的身份出席了峰会，并且作为嘉宾参与讨论。

要知道，从ChatGPT诞生以来，奥特曼就一直是OpenAI和ChatGPT的标志性人物，那么，奥特曼和格雷格为啥突然离职？

首先要说明一下OpenAI董事会的背景，OpenAI董事会本来的结构是3∶3，3个OpenAI的执行层奥特曼、格雷格和伊尔亚·苏茨克维（Ilya Sutskever），另外3位是代表"社会公众监督"的外部董事。而奥特曼下台后过渡期替代CEO职位的米拉此前并不在董事会里。按照格雷格在社媒平台上的表示，是伊尔亚联合其他三位董事主导了内讧，迫使奥特曼下台并且开除了格雷格的董事职位，尽管保留了格雷格的执行职务，但格雷格随后自己主动选择辞去了职务。

OpenAI领导层变动的新闻引起了广泛关注，尽管直到今天，对于奥特曼为什么突然被离职的原因也没有明确说明。但有一点可以肯定的是，离职一定是某种理念或者价值的冲突，背后是一种博弈。其中，价值观不合，这也是OpenAI官方披露的原因，对于奥特曼的离职，OpenAI的官方解释是，经过了董事会慎重的审查程序后，董事会认为奥特曼的沟通不坦诚，使董事会不再信任他领导公司的能力。

要知道，OpenAI自成立以来，就是一家非营利组织，核心使命是确保通用人工智能造福全人类。然而，如今，奥特曼关注的焦点已经越来越多地是名利，而不是坚持作为一个负责任的非营利组织的原则。于是就有分析推测认为，奥特曼做了单方面的商业决定，目的是为了利润，偏离了OpenAI的使命。

如果历史地看，早期OpenAI为了平衡公益性的发展愿景与研发资金支持的现实困难，艰难选择把不得不以回报为条件选择引发风险投资资本的营利性公司与基于崇高的公益性发展愿景的非营利性组织嫁接在一起就已经为奥特曼的离职风波埋下伏笔。事实上，在OpenAI不太长的发展历程中，上述两种理念的冲突始终困扰着奥特曼和他的创业伙伴。同样出于公益性与商业化方面的类似分歧，不仅导致马斯克2018年与OpenAI决裂，也催生了一群员工在2020年出走与创立竞争对手Anthropic。

在奥特曼离职风波中，OpenAI董事会在另一份声明中表示，OpenAI的结构是为了确保通用人工智能造福全人类。董事会仍然完全致力于履行这一使命。从这点来看，确实有可能是因为奥特曼一意孤行，和OpenAI的价值观背道而驰。

从表面上看，似乎是奥特曼和伊尔亚之间的争议，其实本质上是当前对于AI发展理念的路线争议。也就是有效加速主义和价值对齐的理念冲突，以及一个变量：GPT-5是数字生命，还是工具？

其实本质上奥特曼是有效加速主义者，尽管奥特曼还会去国会呼吁减速AI的发展，天天说AI的风险，从这些表面的言论上看，奥特曼似乎是个"减速主义者"，但从实际来看，奥特曼一直在领导着GPT在往更强大的能力上训练，并且一直在加速训练。

此外，在ChatGPT爆发后，为了支持研发投入和外部竞争，奥特曼也在OpenAI中注入更多的商业元素。比如，在2023年11月6日OpenAI开发者大会宣布未来即将推出新产品后，按照媒体的报道，奥特曼完全"处于筹资模式"。其中包括与中东主权财富基金募集数百亿美元，以创建一家AI芯片新创公司，与Nvidia生产的处理器竞争；与软银集团董事长孙正义接触，寻求对一家新公司投资数十亿美元；以及与苹果公司前设计师艾夫（Jony Ive）合作，打造以AI为导向的硬件。这些注入更多商业元素的努力显然与严格奉行非盈利组织章程的伊尔亚在AI安全性、OpenAI技术发展速度以及公司商业化的方面存在严重分歧。

而伊尔亚在2023年7月的时候，还表示要成立一个"超级对齐"项目。所谓的超级对齐项目，本质是super-LOVE-alignment，超级"爱"对齐。这种爱，是大爱，并非情爱，也并非人性的那种血缘之间的自私之爱，而是圣人之爱，是一种无关自我的，对于人类的爱，是一种"神性"的爱，一种就像孔子、耶稣、释迦摩尼，这些完全舍己为人类付出、包容人类、引导人类的无条件的大爱。可以说，伊尔亚所关注的，并不是AI是否有情感能力，而是AI是否有对人类真正的爱。而伊尔亚之所以会关注AI是否具有圣人的大爱，并且在2023年7月成立超级对齐这个项目，究其原因，还是因为对于下一代更强大的GPT的担忧。马斯克对伊尔亚的评论中也提到，"伊尔亚有良好的道德观，他并不是一个追求权力的人。除非他认为绝对必要，否则他绝不会采取如此激进的行动"。

6.4.2 大模型需要"价值对齐"

面对大模型可能给人类带来的风险和危机，有一个概念也被人们重新提起，那就是"价值对齐"。这其实也不是一个新的概念，但这个概念放在今天好像特别合适。简单来说，价值对齐，其实就是让大模型的价值观和我们人类的价值观对齐，而之所以要让大模型的价值观和我们人类的价值观对齐，核心目的就是为了安全。伊尔亚的"超级对齐"项目其实就是基于"价值对齐"概念来提出的。

我们可以想象一下，如果不对齐，会有什么后果。比如哲学家、牛津大学人类未来研究所所长尼克·博斯特罗姆（Nick Bostrom），曾经就提出一个经典案例。就是说，如果有一个能力强大的超级智能机器，人类给它布置了一个任务，就是要"制作尽可能多的回形针"，于是，这个能力强大的超级智能机器就不择手段地制作回形针，把地球上所有的人和事物都变成制作回形针的材料，最终摧毁了整个世界。

这个故事其实早在古希腊神话里就发生过。说的是一位叫迈达斯的国王，机缘巧合救了酒神，于是酒神就承诺满足他的一个愿望，迈达斯很喜欢黄金，于是就许愿，希望自己能点石成金。结果迈达斯真的得到了他想要的，凡是他所接触到的东西都会立刻变成金子，但很快他就发现这是一个灾难，他喝的水变成了黄金，吃的食物也变成了黄金。

这两个故事有一个共同的问题，不管是超级智能机器还是迈达斯，它们都是为了自己的目的，最后超级智能机器完成了回形针任务，迈达斯也做到了点石成金，但得到的结果却是非常灾难的。因为在这个过程中，它们缺少了一定的原则。

这就是为什么今天"价值对齐"这个概念会被重新重视的原因。AI根本没有与人类同样的关于生命的价值概念。在这种情况下，AI的能力越大，造成威胁的潜在可能性就越大，伤害力也就越强。

如果不能让AI与我们人类"价值对齐"，我们可能就会无意中赋予AI与我们自己的目标完全相反的目标。比如，为了尽快找到治疗癌症的方法，AI可能会选择将整个人类作为豚鼠进行实验。为了解决海洋酸化，它可能会耗尽大气中的所有氧气。这其实就是系统优化的一个共同特征：目标中不包含的变量可以设置为极值，以帮助优化该目标。

事实上，这个问题在现实世界已经有了很多例子，2023年11月，韩国庆尚南道一名机器人公司的检修人员，被蔬菜分拣机器人压死，原因是机器人把他当成需要处理的一盒蔬菜，将其捡起并挤压，导致其脸部和胸部受伤严重。而后他被送往医院，但因伤重而不治身亡。

除此之外，一个没有价值对齐的AI大模型，还可能输出含有种族或性别歧视的内容，帮助网络黑客生成用于进行网络攻击、电信诈骗的代码或其他内容，尝试说服或帮助有自杀念头的用户结束自己的生命等。

好在当前，不同的人工智能团队都在采取不同的方法来推动人工智能的价值对齐。OpenAI、谷歌的 DeepMind 各有专注于解决价值对齐问题的团队。除此之外，还有许多第三方监督机构、标准组织和政府组织，也将价值对齐视作重要目标。这也让我们看到，让 AI 与人类的价值对齐是一件非常急迫的事情，可以说，如果没有价值对齐，我们就不会真正信任 AI，人机协同的 AI 时代也就无从谈起。

6.4.3　大模型向善发展

不管人类对于大模型的监管和治理会朝着怎样的方向前进，人类社会自律性行动的最终目的都必然也必须引导大模型向善发展。因为只有人工智能向善，人类才能与机器协同建设人类文明，人类才能真正走向人工智能时代。

事实上，从技术本身来看，大模型并没有善恶之分。但创造大模型的人类却有，并且，人类的善恶最终将体现在大模型身上，并作用于这个社会。

可以预见，随着人工智能的进一步发展，大模型还将渗透到社会生活的各领域并逐渐接管世界，诸多个人、企业、公共决策背后都将有大模型的参与。而如果我们任凭算法的设计者和使用者将一些价值观进行数据化和规则化，那么大模型即便是自己做出道德选择，也会天然带着价值导向而并非中立。

此前，就有媒体观察发现，有美国网民对ChatGPT测试了大量的有关于立场的问题，发现其有明显的政治立场，即其本质上被人所控制。说到底，大模型也是人类教育与训练的结果，它的信息源于我们人类社会。大模型的善恶也由人类决定。如果用通俗的方式来表达，教育与训练大模型正如我们训练小孩一样，给它投喂什么样的数据，它就会被教育成什么类型的人。这是因为大模型通过深度学习"学会"如何处理任务的唯一根据就是数据。

　　因此，数据具有怎么样的价值导向，有怎么样的底线，就会训练出怎么样的大模型，如果没有普世价值观与道德底线，那么所训练出来的大模型将会成为非常恐怖的工具。而如果通过在训练数据里加入伪装数据、恶意样本等破坏数据的完整性，进而导致训练的算法模型决策出现偏差，就会污染大模型系统。

　　有人曾说AI在新闻领域的应用会成为造谣基地。这种看法本身就是人类的偏见与造谣。因为任何技术的本身都不存在善与恶，只是一种中性的技术。而技术所表现出来的善恶背后是人类对于这项技术的使用，比如核技术的发展，被应用于能源领域就能服务于人类社会，能够发电给人类社会带来光明。但是这项技术如果使用于战争，那对于人类来说就是一种毁灭，一种黑暗，一种恶。因此，最终，大模型会造谣传谣，还是坚守讲真话，这个原则在于人。大模型由人创造，为人服务，这也将使我们的价值观变得更加重要。

　　过去，无论是汽车的问世，还是电脑和互联网的崛起，人们都很好地应对了这些转型时刻，尽管经历了不少波折，但人类社会最终变得更好了。在汽车首次上路后不久，就发生了第一起车祸。但我们并没有禁止汽车，而是颁布了限速措施、安全标准、驾照要求、酒驾法规和其他交通规则。

我们现在正处于另一个深刻变革的初期阶段——人工智能时代。这类似于在限速和安全带出现之前的那段不确定时期。今天，大模型主导的人工智能发展得如此迅速，导致我们尚不清楚接下来会发生什么。当前技术如何运作，人们将如何利用人工智能违法乱纪，以及人工智能将如何改变社会和作为独立个体的我们，这些都对我们提出了一系列严峻考验。

在这样的时刻，感到不安是很正常的。但历史表明，解决新技术带来的挑战依然是完全有可能的。而这种可能性，正取决于我们人类。